U0797331

中华孝史 第一卷

孝史集注

侯书议 主编

陕西新华出版传媒集团
陕西科学技术出版社
—— 西安 ——

图书在版编目（CIP）数据

孝史集注／侯书议主编．—西安：陕西科学技术出版社，2021.3

（中华孝史）

ISBN 978-7-5369-7970-3

Ⅰ．①孝… Ⅱ．①侯… Ⅲ．①孝—文化研究—中国Ⅳ．①B823.1

中国版本图书馆CIP数据核字（2020）第238086号

中华孝史（第一卷）——孝史集注

侯书议　主编

出 版 人　崔　斌
策划编辑　李　栋
责任编辑　赵文欣
封面设计　赵晨皓

出版者　陕西新华出版传媒集团　陕西科学技术出版社
西安市曲江新区登高路1388号陕西新华出版传媒产业大厦B座
电话（029）81205187　传真（029）81205155　邮编 710061
http：//www.snstp.com
发行者　陕西新华出版传媒集团　陕西科学技术出版社
电话（029）81205180　81206809
印　刷　陕西金和印务有限公司
规　格　720mm×1000mm　1/16
印　张　10
字　数　86千
版　次　2021年3月第1版
印　次　2021年3月第1次印刷
书　号　ISBN 978-7-5369-7970-3
定　价　58.00元

前 言

现代新儒家的早期代表人物之一、有“中国最后一位大儒家”之称的梁漱溟先生在《中国文化要义》一书中论道：“说中国文化是‘孝的文化’，自是没错。”并肯定了以孝为根荄的社会伦理秩序，“始于家庭，而不止于家庭”。从现实意义和弘扬中华优秀传统文化角度看，今日社会，仍然需要继承并发展中国传统孝道文化，诚所谓不能“数典而忘祖”。

从现实意义方面看，中国城镇化的高速发展，以及老龄化现象的加剧，导致了乡土文化发展的滞后，打破了数千年以来以孝为纽带的中国基层社会内部不自觉地自治模式及养老模式。因此，这就需要传统孝道文化修复家庭伦理关系的式微，弥合社会的裂痕，消解社会的焦躁与不安，进而实现基层社会的自治与家庭的和谐。

从弘扬中华优秀传统文化角度看，作为中国传统文化的核心——孝道文化的传承、延续与发展自是题中之义。按照英国社会学家、思想家安东尼·吉登斯在其所著《现代性的后果》一书中的论断“传统是惯例”，“（其）维系了过去、现在与将来的连续性并联结了信任与惯例性的社会实践而言，传统提供了本体性安全的基本方式”。而中国传统孝道文化正是这样一种“本体性安全的基本方式”。那么，若要弘扬中华优秀传统文化，势必就要弘扬传统孝道文化，毋庸赘言。

是故，《中华孝史》（依次包括《孝史集注》《〈孝经〉别传》《孝道百家》《孝治时代》《现代孝道》五卷。各卷以历史时间为顺序，通过有关孝行人物、孝道文化典籍、各时期孝道文化代表人物等方面的深入浅出论述和剖析，并结合时代特征，把传统孝道文化的精髓以“因时制宜”的方式融入当下中国人的生活，进而凝聚中华民族之力，推动社会进步、文明发展）的编撰与出版，对于推动中国基层社会回归乡土文化认同并走向和谐自治之路，以及实现中华优秀传统文化的传承、延续与发展也就有了现实意义。

编 者

庚子年丙戌

目录

第一 传说篇

传说篇，主要收集历史传说时期的人物孝行和孝道故事。对主要人物作精炼注释，以及解说其孝行对后世的诸多思想影响等。小节名字以相关人名为标题，此下篇章皆同。

传说

帝喾

帝喾高辛者，黄帝之曾孙也。高辛父曰蟜极，蟜极父曰玄嚣，玄嚣父曰黄帝。自玄嚣与蟜极皆不得在位，至高辛即帝位。高辛於颛顼为族子。高辛生而神灵，自言其名。普施利物，不于其身。聪以知远，明以察微。顺天之义，知民之急。仁而威，惠而信，修身而天下服。取地之财而节用之，抚教万民而利诲之，历日月而迎送之，明鬼神而敬事之。其色郁郁，其德嶷嶷。其动也时，其服也士。帝喾溉执中而遍天下，日月所照，风雨所至，莫不从服。帝喾娶陈锋氏女，生放勋。娶娵訾氏女，生挚。帝喾崩，而挚代立。帝挚立，不善，而弟放勋立，是为帝尧。

【注】出自《史记·五帝本纪》。

帝喾，高辛氏，姬姓，名俊，华夏族。生于高辛（今河南省商丘市睢阳区高辛镇），故号高辛氏，黄帝曾孙，上古时期部落联盟首领，“三皇五帝”之一。

【评】帝喾前承炎、黄，后启尧、舜，奠定华夏根基，是华夏民族的人文始祖。司马迁称其“修身而天下服”，其中“德孝”必然囊括其中，但史籍传说中并未有其且实的相关孝行传说。但根据判断，其“德孝”思想，应开商周以来的先河。曹植《帝喾赞》曰：“祖自轩辕，玄嚣之裔，生言其名。木德治世。抚宁天地，神圣灵宾，教讫四海，明并日明。”可为一证。

虞舜

虞舜者，名曰重华。重华父曰瞽叟，瞽叟父曰桥牛，桥牛父曰句望，句望父曰敬康，敬康父曰穷蝉，穷蝉父曰帝颛顼，颛顼父曰昌意：以至舜七世矣。自从穷蝉以至帝舜，皆微为庶人。舜，冀州之人也。舜耕历山，渔雷泽，陶河滨，作什器于寿丘，就时于负夏。舜父瞽叟顽，母嚚，弟象傲，皆欲杀舜。舜顺适不失子道，兄弟孝慈。欲杀，不可得；即求，尝在侧。

【注】出自《史记·五帝本纪》。

舜，轩辕黄帝八世孙，姚姓，妫氏，名重华，字都君，诸冯（今山东省诸城）人，华夏民族共同始祖之一，父系氏族社会后期东夷部落首领，“三皇五帝”之一。

【评】舜是《全相二十四孝诗选》中“孝感动天”的主角。向来被视为德孝双全的人物，《尚书》云“德自舜明”；司马迁作《史记》称其为“天下明德，皆自虞舜始”。但是，舜也是一位有争议的远古帝王，《墨子·尚贤（中）》记载："古者舜耕历山，陶河滨，渔雷泽。尧得之服泽之阳，授之政，天下平。"《管子·治国》记载："舜非严刑罚，重禁令，而民归之矣。"言舜帝以德治国治天下。《竹书纪年·五帝纪》记载："昔尧德衰，为舜所囚也。舜囚尧于平阳，取之帝位。舜放（流放）尧于平阳。舜囚尧，复偃塞丹朱，使不与父相见也。"《韩非子·说疑》记载："舜逼尧，禹逼舜，汤放桀，武王伐纣，此四王者，人臣弑其君者也，而天下誉之。"舜帝并非以"德""禅让"获得帝王之位，而是以"人臣弑其君"的手段谋取天下。

大禹

夏禹，名曰文命。禹之父曰鲧，鲧之父曰帝颛顼，颛顼之父曰昌意，昌意之父曰黄帝。禹者，黄帝之玄孙而帝颛顼之孙也。禹之曾大父昌意及父鲧皆不得在帝位，为人臣。

当帝尧之时，洪水滔天，浩浩怀山襄陵，下民其忧。尧求能治水者，群臣四岳皆曰鲧可。尧曰：“鲧为人负命毁族，不可。”四岳曰：“等之未有贤于鲧者，愿帝试之。”于是尧听四岳，用鲧治水。九年而水不息，功用不成。于是帝尧乃求人，更得舜。舜登用，摄行天子之政，巡狩。行视鲧之治水无状，乃殛鲧于羽山以死。天下皆以舜之诛为是。于是舜举鲧子禹，而使续鲧之业。

尧崩，帝舜问四岳曰：“有能成美尧之事者使居官？”皆曰：“伯禹为司空，可成美尧之功。”舜曰：“嗟，然！”命禹：“女平水土，维是勉之。”禹拜稽首，让于契、后稷、皋陶。舜曰：“女其往视尔事矣。”

禹为人敏给克勤，其德不违，其仁可亲，其言可信：声为律，身为度，称以出；亹亹穆穆，为纲为纪。

禹乃遂与益、后稷奉帝命，命诸侯百姓兴人徒以傅土，行山表木，定高山大川。禹伤先人父鲧功之不成受诛，乃劳身焦思，居外十三年，过家门不敢入。薄衣食，致孝于鬼神。卑宫室，致费于沟淢。陆行乘车，水行乘船，泥行乘橇，山行乘檋。左准绳，右规矩，载四时，以开九州，通九道，陂九泽，度九山。令益予众庶稻，可种卑湿。命后稷予众庶难得之食。食少，调有余相给，以均诸侯。禹乃行相地宜所有以贡，及山川之便利。

【注】出自《史记·夏本纪》。

禹，夏后氏、姒姓，名文命或禹，字（高）密，史称大禹、帝禹、神禹，为夏后氏首领、夏朝开国君王。

【评】禹以治水三过家门而不入闻名天下，但历来鲜为人知的是禹也是历史上孝祀鬼神的鼻祖。据《论语·泰伯》记载，孔子对其评价说："禹，吾无间然矣。菲饮食而致孝乎鬼神，恶衣服而致美乎黻冕，卑宫室而尽力乎沟洫。禹，吾无间然矣。"禹自己饮食简单，却在孝祀鬼神时贡献美味，此即可视为孝祀之肇始。章太炎先生以"《孝经》皆取夏法"的论断，便由禹孝祀鬼神而来。由孝祀鬼神转向社会道德层面的人伦关系，最终构成中华民族以孝为根本的传统文化。

第二　先秦篇

先秦篇，主要收集先秦时期的古人孝行和孝道故事。先秦时期是孝道学说产生的重要时期，上至统治阶级、贵族，下至民间的相关孝行人物，特别是儒家人物对孝行的亲身践行，对后世孝道思想影响深远。

先秦

孝己

孝己，一夕五起，视衣之厚薄，枕之高卑，爱其亲也。

【注】出自《尸子·卷下》。

孝己，又称兄己、祖己，谥号。商王武丁诸子之一，曾被立为太子。据今本《竹书纪年》一书记载，孝己死于武丁中期：“（武丁）二十五年，王子孝己卒于野。”由于孝己死于其父武丁之前，所以不得即位商王。据王国维在《观堂集林·高宗肜日说》中考证：“卜辞又有一条云：‘癸酉卜，行贞：王宾父丁，岁，三牛；及兄己一牛，兄庚一牛，亡尤。’考殷诸帝中，凡丁之子，无名己与庚者，惟武丁之子有孝己，有祖庚，则此辞乃祖甲所卜，父丁谓武丁，兄己、兄庚谓孝己、祖庚也。兄庚后称祖庚，则兄己后亦必称祖己。殷人祀其先祖，无论兄弟嫡庶与已立未立，名礼皆同，是孝己得称祖己无疑。”陈梦家在《殷虚卜辞综述》亦指出：“兄己当指武丁子孝己，于廪、康称父己或小王父己，武乙以后称且（祖）己。”

【评】从孝己这一名字看，其便以孝著称，这也是殷商史上最为有名且流传后世的孝子之一。孝己至孝之名的事迹，见于先秦典籍的有《荀子·性恶》《荀子·大略》《庄子·外物》《吕氏春秋·必己》《战国策·秦策》《战国策·燕策》等。

但是，孝己又是一个悲剧的孝行人物，据《荀子·大略》记载："虞舜、孝己，孝而亲不爱。"意思是，虞舜、孝己都是以孝著称，但是这二人却不受亲人待见和喜爱。《孔子家语·弟子解》（孔子门人所撰，原书已佚，后世有辑录）曾记载了"孝而亲不爱"的缘由："高宗以后妻之言杀孝己。"西晋皇甫谧《帝王世纪》亦记载："初，高宗有贤子孝己，其母早死。高宗惑后妻之言，放之而死，天下哀之。"都是说孝己死于后母（高宗武丁之后妻）之手。

总之，从殷商时期，孝祀鬼神、祖宗，到孝己的出现，可以看出，这一时期，传统孝道观念已处于萌芽时期，并为西周时期的孝道观念雏形，起到了铺垫作用。

周文王

文王有声，遹骏有声。遹求厥宁，遹观厥成。文王烝哉。

文王受命，有此武功。既伐于崇，作邑于丰。文王烝哉。

筑城伊淢，作丰伊匹。匪棘其欲，遹追来孝。王后烝哉。

【注】出自《诗经·大雅·文王有声》。

周文王（公元前1152—前1056），姬姓，名昌，岐周（今陕西省岐山县）人。周朝奠基者，周太王之孙，季历之子。周文王建都丰京（今陕西西安市），为武王伐纣灭商奠定基础。周文王深受儒家推崇，孔子称其为“三代之英”。

【评】该诗描述了周文王遵承先人遗志、“追孝于前文人”（追孝于前代有文德之人）的孝道美德。如郑玄笺云：“乃述追王季勤孝之行，进其业也。”便是此意。

文王以下，周武王、周成王皆有“追孝于前文人”的孝道美德，如《诗经·大雅·下武》：“永言孝思，孝思维则。”郑玄笺：“长我孝心之所思。所思者其维则三后之所行。子孙以顺祖考为孝。”《诗经·周颂·闵予小子》："闵予小子，遭家不造，嬛嬛在疚。於乎皇考，永世克孝。念兹皇祖，陟降庭止。维予小子，夙夜敬止。于乎皇王，继序思不忘。"该诗描述了周成王遵承先人遗志、完成王朝大业的追孝（孝祀）思想。由此可见，孝祀观念（孝道观念）在西周初期已经盛行。

除周天子之外，周王室的贵族亦有追孝（孝祀）之风，如《大雅·既醉》"威仪孔时，君子有孝子。孝子不匮，永锡尔类"、《小雅·楚茨》"先祖是皇，神保是飨。孝孙有庆，报以介福，万寿无疆"、《周颂·雝》"假哉皇考，绥予孝子"、《周颂·载见》"率见昭考，以孝以享"等。

由周王室和贵族倡导的追孝（孝祀）思潮，开始走向民间，并从孝祀先祖，转向奉养父母，孝道的文化内涵完成转型与脱变，为后世儒家孝道思想奠定了基础。

佚名

蓼蓼者莪，匪莪伊蒿。哀哀父母，生我劬劳。

蓼蓼者莪，匪莪伊蔚。哀哀父母，生我劳瘁。

瓶之罄矣，维罍之耻。鲜民之生，不如死之久矣。无父何怙？无母何恃？出则衔恤，入则靡至。

父兮生我，母兮鞠我。拊我畜我，长我育我，顾我复我，出入腹我。欲报之德，昊天罔极。

南山烈烈，飘风发发。民莫不谷，我独何害。

南山律律，飘风弗弗。民莫不谷，我独不卒。

【注】出自《诗经·小雅·蓼莪》。

关于此诗创作背景，《毛诗序》说：“《蓼莪》，刺幽王也，民人劳苦，孝子不得终养尔。”欧阳修《诗本义》认为“刺幽王，民人劳苦”，“非诗人本意”。该诗通过赋、比、兴手法，描绘了诗人不得终养父母的悲苦之情。

【评】朱熹《诗集传》：“言昔谓之莪，而今非莪也，特蒿而已。以比父母生我以为美材，可赖以终其身，而今乃不得其养以死。于是乃言父母生我之劬劳而重自哀伤也。”以《蓼莪》一诗为代表的诗作，体现了西周时期，如诗中诗人一样的民间芸芸众生，对孝养父母的自发认识，表达了对父母生育之恩的感激之情。

《蓼莪》之外，《唐风·鸨羽》“王事靡盬，不能蓺稷黍。父母何怙……父母何食……父母何尝”、《齐风·南山》“取妻如之何？必告父母”、《郑风·将仲子》“将仲子兮，无逾我里，无折我树杞。岂敢爱之？畏我父母。仲可怀也，父母之言，亦可畏也。将仲子兮，无逾我墙，无折我树桑。岂敢爱之？畏我诸兄。仲可怀也，诸兄之言，亦可畏也”、《大雅·卷阿》“有冯有翼，有孝有德，以引以翼。岂弟君子，四方为则”、《小雅·六月》“饮御诸友，炰鳖脍鲤。侯谁在矣？张仲孝友”等，孝道观念已经完成从享孝先祖到物质孝养、精神孝敬父母，再到兄友弟恭（孝友）的布局，孝道思想初具雏形。

总之，《诗经》中相关诗歌所反映出来的孝道观念，具有承前启后的价值，上承殷商以来孝祀鬼神、追享先祖之风，后启儒家孝道学说的确立。

子路

子路见于孔子曰："负重涉远，不择地而休，家贫亲老，不择禄而仕。昔者由也，事二亲之时，常食藜藿之实，为亲负米百里之外。亲殁之后，南游于楚，从车百乘，积粟万钟，累茵而坐，列鼎而食，愿欲食藜藿，为亲负米，不可复得也。枯鱼衔索，几何不蠹，二亲之寿，忽若过隙。"孔子曰："由也事亲，可谓生事尽力，死事尽思者也。"

【注】出自《孔子家语·致思》。

仲由（公元前542—前480），字子路，又字季路，鲁国卞（今山东省泗水县泉林镇卞桥）人，"孔门十哲"之一、"孔门七十二贤"之一、"二十四孝"人物之一。

【评】子路"为亲负米"的行为，受到孔子的赞扬。元代郭居敬编撰《全相二十四孝诗选》时，收录了子路孝行故事，名为"负米养亲"，其内容与《孔子家语·致思》所记载大同小异："（周）仲由，字子路。家贫，常食藜藿之食，为亲负米百里之外。亲殁，南游于楚，从车百乘，积粟万钟，累茵而坐，列鼎而食，乃叹曰：‘虽欲食藜藿，为亲负米，不可得也。’”并有诗颂曰：“负米供旨甘，宁辞百里遥。身荣亲已殁，犹念旧劬劳。”

在《全相二十四孝诗选》里，子路“为亲负米”的故事，较为正面典型，具有积极的意义。

闵子骞

周闵损，字子骞。早丧母，父娶后母，生二子，衣以棉絮；闵损，衣以芦花。一日，父令损御车，体寒失鞭。父察知其故，欲出后母。损曰："母在一子单，母去三子寒。"后母闻之，卒悔改。

系诗颂之，诗曰："闵氏有贤郎。何曾怨后娘。车前留母在。三子免风霜。"

【注】出自《全相二十四孝诗选·单衣顺母》。

闵子骞（公元前536—前487），名损，字子骞，尊称闵子，春秋鲁国人。

【评】"单衣顺母"的故事表明闵子骞非常重视家庭和谐、和睦。当后母一再偏袒亲子、虐待闵子骞时，从孝的角度，他却在父亲面前替后母说好话，以稳固家庭和谐之关系。

闵子骞以孝闻名于世，一度受到孔子的褒奖。据《论语·先进》记载，子曰："孝哉闵子骞！人不间于其父母昆弟之言。”孔子说“人不间于其父母昆弟之言”，无论从哪个方面理解（对于孔子之言，有两种解释：一是人们对于闵子骞父母兄弟称赞他的话，没有什么异议。另一是人们从不言说那些挑拨闵子骞与父母兄弟关系的闲话），从“单衣顺母”这一事例而言，也就是有事实依据，故而孔子说“孝哉闵子骞”。

曾参

周曾参，字子舆，事母至孝。参曾采薪山中，家有客至，母无措参不还，乃啮其指。参忽心痛，负薪以归，跪问其母。母曰：“有客忽至，吾啮指以悟汝耳。”

后人系诗颂之，诗曰：“母指方缠啮，儿心痛不禁。负薪归未晚，骨肉至情深。”

【注】出自《全相二十四孝诗选·啮指心痛》。

曾子（公元前505—前435），姒姓，曾氏，名参，字子舆，春秋时期，鲁国南武城（今山东省平邑，一说山东省嘉祥）人。作为孔子晚年弟子之一、儒家学派的重要代表人物之一，曾参在孔门中的地位一度被忽视。唐宋以降，曾参地位才日渐声隆，北宋徽宗时加封为“武城侯”，南宋度宗时加封为“国公”，元至顺元年加封为“宗圣公”，明世宗时改称为“宗圣”，地位仅次于“复圣”颜渊。

其父曾点，字皙，与曾参同师孔子，孔门“七十二贤”之一。

【评】“啮指心痛”的故事，讲述了世俗社会一个普遍的认知：母子连心。作为儒家孝道学说的代表人物，曾参也的确至孝，如《孔子家语·六本》记载，曾子耘瓜，误斩其根，曾皙怒，建大杖以击其背，曾子仆地而不知人久之。有顷乃苏，欣然而起，进于曾皙曰：“向也参得罪于大人，大人用力教参，得无疾乎？”退而就房，援琴而歌，欲令曾皙而闻之，知其体康也。曾参因误斩瓜根，差一点被其父亲打死，但是，他却忍痛抚琴，告诉父亲自己并无大碍。孔子知道后批评他：你这样的愚孝，是“陷父于不义”，假如你被打死了，你父亲就要背负杀天子之民的罪名，岂不是罪莫大焉？是非暂且不论，这件事证明了曾参的确至孝。又如《礼记》记载，其父病故时，曾参“泪如涌泉，水浆不入口者七日”；又《尸子·卷下》记载，曾参“每读丧礼，则泣下沾襟”。真正做到了儒家孝道学说所提倡的“生，事之以礼；死，葬之以礼，祭之以礼”（孔子语，见《论语·为政》）。

但儒家所提倡的“生，事之以礼；死，葬之以礼，祭之以礼”，在古代便已遭遇一些学者非议，认为此乃人之常情，并不值得大书特书。如宋代李之彦在《东谷所见·先垄》中说道：“人子之于亲，苟亏生事之礼，虽葬与祭致其力，何足以言孝？”

老莱子

周老莱子，性至孝。奉养二亲，备极甘脆。行年七十，言不称老。常着五彩斑斓之衣，为婴儿戏于亲侧。又常取水上堂，诈跌卧地，作婴儿啼以娱亲。

有诗为颂，诗曰："戏舞学骄痴，春风动彩衣。双亲开口笑，喜气满庭帏。"

【注】出自《全相二十四孝诗选·戏彩娱亲》。

老莱子，生卒年待考，存疑人物。一说为老子别称，一说 为春秋时期楚国人。《史记·老子列传》附记："老莱子者，亦楚人也，著书十五篇，言道家之用，修道家之用，修道而养寿也。"目前，学界普遍倾向于老子与老莱子并非一人。

【评】老莱子"戏彩娱亲"最早典故出处见《后汉书》注引《列女传》："老莱子孝养二亲，行年七十，作婴儿自娱，着五采褊斓衣裳，取浆上堂跌仆，因卧地为小儿啼，或弄鶵鸟于亲侧。"70岁的老莱子为了让年迈的双亲开心，常穿五彩衣裳、扮作婴儿等。按照孝道学说可以归为精神孝养。

老莱子“戏彩娱亲”，放在私人空间里，本来无可厚非。但是，文本中“诈跌卧地”之“诈”，受到了鲁迅先生的非议。诈，是个贬义词，是欺诈、欺骗的意思。鲁迅正是抓住了这一点，在《二十四孝图》中进行了批判：“其中最使我不解，甚至于发生反感的，是‘老莱娱亲’和‘郭巨埋儿’两件事……而招我反感的便是‘诈跌’。无论忤逆，无论孝顺，小孩子多不愿意‘诈’作，听故事也不喜欢是谣言，这是凡有稍稍留心儿童心理的都知道的。”并说道，“正如将‘肉麻当作有趣’一般，以不情为伦纪，诬蔑了古人，教坏了后人。老莱子即是一例，道学先生以为他白璧无瑕时，他却已在孩子的心中死掉了。”至于这一质疑，是不是鲁迅先生小题大做，暂且不论。鲁迅先生的质疑，事情虽小，但对于宣传、弘扬孝道文化来说，具有一定的思考价值。其价值在于，当社会宣传孝道孝行时，是否可以夸大其词、拔高人物形象？最终引起适得其反的效果。

郯子

周郯子，性至孝。父母年老，俱患双目，思食鹿乳。郯子乃衣鹿皮，往深山群鹿之中，取鹿乳供亲。猎者见而欲射之。郯子俱以情告，乃免。

有诗为颂，诗曰："亲老思鹿乳，身穿褐毛衣。若不高声语，山中带箭归。"

【注】出自《全相二十四孝诗选·鹿乳奉亲》。

郯子（生卒年月不详），己姓，子爵，少皞（少昊）氏后裔，春秋时期郯国（今山东省临沂市郯城县）国君。

【评】郯子"鹿乳奉亲"的孝行，再普通正常不过，但一度被视为孝行典范，与其身份有关，也与孔子的加持有关。

作为少皞氏后裔的郯子，其在郯国这一蕞尔小国的治理上，以仁德孝义治国，政绩突出，深受百姓爱戴。因此，古代社会各朝统治者为了"以孝治国"，抬出郯子这位圣君，自然符合主流思想形态。

作为少皞氏后裔的郯子，深谙古代典章制度，熟悉少皞部族以凤鸟立制，以玄鸟（燕子）等形象组成图腾，并以鸟划分时节，以鸟命名官职。据《左传·昭公十七年》记载，当鲁国昭子问官制于郯子时，郯子一一翔实回答。“仲尼（孔子）闻之，见于郯子而学之。”既而告人曰：“吾闻之：‘天子失官，学在四夷。’犹信。”这也是后世言称“孔子师郯子”的典故来历。“孔子师郯子”自然为郯子的声名增光添彩不少。

两相结合，郯子也就成了德才兼备的化身，“鹿乳奉亲”被选入“二十四孝”，受到世俗社会一再推崇与弘扬，也就有了社会现实意义和政治诉求上的价值了。

第三　汉魏篇

汉魏篇，主要收集两汉、三国、魏晋南北朝时期的人物孝行和孝道故事。自汉代以来，由于政治制度层面推行“以孝治国”，以及“举孝廉”的选拔官员机制，民间孝行人物开始大量涌现，由此导致官修史中不得不纳入“孝友传”“孝义传”或“孝行传”这一特殊书写体系。

汉魏

刘桓

西汉文帝，名恒，高祖第三子（按：第三子误，实为第四子。《史记》《汉书》皆言“孝文皇帝，高祖中子也”，刘邦共七子，“中子”即第四子），初封代王。生母薄太后，帝奉养无担母尝病三年，帝目不交睫，衣不解带，汤药非亲尝弗进。仁孝闻于天下。

系诗颂之，诗曰：“仁孝闻天下，巍巍冠百王。母后三载玻，汤药必先尝。”

【注】出自《全相二十四孝诗选·亲尝汤药》。

汉文帝，刘桓，汉高帝刘邦第四子，母为薄姬，汉惠帝刘盈异母弟。汉文帝期间，励精图治，兴水利，行节俭，废肉刑，以黄老“无为而治”思想，开启了“文景之治”的发端。

【评】汉文帝“亲尝汤药”的孝行，被列为“二十四孝”第二位，仅次于第一位虞舜“孝感动天”的故事。汉文帝孝行被推崇，一是与时代大背景“以孝治国”有关；

二是与汉文帝本身仁孝行为有关。

深受儒家思想影响、个性正派刚直的汉文帝时期大臣袁盎曾这样评价他的主人："夫曾参以布衣犹难之，今陛下亲以王者脩之，过曾参孝远矣。"作为主仆关系，袁盎赞誉汉文帝，难免有过誉之嫌。但是，去汉文帝不远、汉武帝时期的太史公司马迁作《史记·孝文本纪》时，司马迁说："孔子言'必世然后仁。善人之治国百年，亦可以胜残去杀'。诚哉是言！汉兴，至孝文四十有余载，德至盛也。廪廪乡改正服封禅矣，谦让未成于今。呜呼，岂不仁哉！"司马迁的评价，便显得有了客观性。足见这位一生深受黄老思想影响、又颇具儒家仁孝思想的汉文帝，的确担得起"仁孝闻天下"的美名。

汉文帝兼具黄老与儒家思想于一身，且能在彼此之间游刃而余、转换自如。但这也为其后汉景帝、汉武帝时期的辕黄之争（黄老学派与儒家学派之争）埋下了伏笔。不过，为了加强中央集权，"推明孔氏，抑黜百家"，力主推行"以孝治国"的汉武帝，最终使得儒家学说的"仁孝思想"击败了黄老之学的"无为而治"。至此，"以孝治国"走向历史的中央舞台，历千年而不衰。

淳于缇萦

太仓公者，齐太仓长，临菑人也，姓淳于氏，名意。少而喜医方术。高后八年，更受师同郡元里公乘阳庆。庆年七十余，无子，使意尽去其故方，更悉以禁方予之，传黄帝、扁鹊之脉书，五色诊病，知人死生，决嫌疑，定可治，及药论，甚精。受之三年，为人治病，决死生多验。然左右行游诸侯，不以家为家，或不为人治病，病家多怨之者。

文帝四年中，人上书言意，以刑罪当传西之长安。意有五女，随而泣。意怒，骂曰："生子不生男，缓急无可使者！"于是少女缇萦伤父之言，乃随父西。上书曰："妾父为吏，齐中称其廉平，今坐法当刑。妾切痛死者不可复生而刑者不可复续，虽欲改过自新，其道莫由，终不可得。妾原入身为官婢，以赎父刑罪，使得改行自新也。"书闻，上悲其意，此岁中亦除肉刑法。

【注】出自《史记·扁鹊仓公列传》。

淳于缇萦，女，西汉临菑（今山东省淄博市东北）人。

其父淳于意，西汉时期著名医学家，因曾任太仓长（粮仓主管），故史称仓公或太仓公。

【评】淳于意因医术高明，受到同行排挤，诬告其罪，解押长安。其女淳于缇萦随父西行，并上书替父赎罪，汉文帝刘恒读其上书，念其孝行有加，不但免除了淳于意的刑罚，还废除了肉刑。诚如诏书所言："诗曰：'恺悌君子，民之父母。'今人有过，教未施而刑已加焉，或欲改过为善，而道无繇至，朕甚伶之！夫刑至断肢体，刻肌肤，终身不息，何其痛而不德也！岂为民父母之意哉？其除肉刑，有以易之！"

东汉著名史学家班固对这一事件评说道："三王德弥薄，惟后用肉刑。太仓令有罪，就递长安城。自恨身无子，困急独茕茕。小女痛父言，死者不可生。上书诣阙下，思古歌《鸡鸣》。忧心摧折裂，晨风扬激声。圣汉孝文帝，恻然感至情。百男何愦愦，不如一缇萦。"

淳于缇萦上书救父的孝行，既成就了一段刑罚史上的"美谈佳话"，也成为后世孝道的典范。

董永

汉董永，千乘人。少偏孤，与父居。肆力田亩，鹿车载自随。父亡，无以葬，乃自卖为奴，以供丧事。主人知其贤，与钱一万，遣之。

永其行三年丧毕。欲还主人，供其奴职。道逢一妇人曰："愿为子妻。"遂与之俱。主人谓永曰："以钱与君矣。"永曰："蒙君之惠，父丧收藏。永虽小人，必欲服勤致力，以报厚德。"主曰："妇人何能？"永曰："能织。"主曰："必尔者，但令君妇为我织缣百匹。"于是永妻为主人家织，十日而毕。女出门，谓永曰："我，天之织女也。缘君至孝，天帝令我助君偿债耳。"语毕，凌空而去，不知所在。

【注】出自《搜神记·董永与织女》。

董永，被选入《全相二十四孝诗选》第六位"卖身葬父"而广为流传。董永最早载于西汉刘向撰《孝子传》，自此之后，关于董永的传说与出生地，或与之相关的地名遗存多达50余处。比如，《搜神记》记载董永是千乘人，今山东滨州市博兴县人；南宋《方舆胜览》记载其是东台西溪镇人，今江苏省东台市；宋元旧话本《清平山堂话本·董永遇仙传》记载是润州府丹阳县董槐村（江苏省镇江市）人，等等。依据传说故事惯有的常识判断，董永传说多地流传、不断发展演变与融会是其主要特征，但其基本主题“行孝”，并没有特别大的变化。

【评】董永行孝的故事，始于西汉刘向《孝子传》，火于东晋干宝《搜神记》。董永行孝之所以广泛流传，不断演绎，与汉代社会推行孝治及“举孝廉”制度有很大关系，这既契合了政治诉求，也契合了民间行孝风潮。于是，民间社会试图通过“行孝”获取“恩报”和“福报”，并成为一种自发的传统文化暗示心理。因此，董永行孝，恰当、适时地出现在人们面前时，便不自觉地成就了这样一个“经典永流传”的行孝版本。

郭巨

汉郭巨，隆虑人也，一云河内温人。兄弟三人，早丧父。礼毕，二弟求分。以钱二千万，二弟各取千万。巨独与母居客舍，夫妇用赁，以及公养。居有顷，妻产男。巨念与儿妨事亲，一也；老人得食，喜分儿孙，减馔，二也。乃于野凿地，欲埋儿。得石盖，下有黄金一釜，中有丹书，曰："孝子郭巨，黄金一釜，以用赐汝。"于是名震天下。

【注】出自《搜神记·郭巨埋儿得金》。

郭巨，东汉隆虑（今河南省林州市）人，一说河内温县（今河南温县西南）人。郭巨"为母埋儿"的孝行故事，还被收录在清代《顺德府志》《内邱县志》之中，版本略有差别。据《内邱县志》记载："汉朝郭巨，字文举，其先河南林县人。家贫岁凶，侨居中丘。一子三岁，母尝分食与之。巨谓妻曰：'贫乏不能供给，夺母食。子可再得，母不可再得，可共汝埋子。'遂携子诣野，掘地三尺余，石盖黄金一釜，上有丹书曰：'孝子郭巨，黄金一釜，用以赐汝。官不得夺，民不得取。'巨获金得终养。嘉靖间有司建祠致祭。”从《搜神记》中分得“家产千万”到《内邱县志》中的“家贫岁凶”，流落到河北内丘讨饭为生，但主题“为母埋儿”未变。

【评】郭巨“为母埋儿”的故事，开启愚孝之先河，一场为名图利的“谁比谁更狠”而非“谁比谁更向善”的恶劣风气，弥漫中国历史数千年之久。

当这个故事家喻户晓、妇幼皆知时，不得不思考另一个问题：郭巨“为母埋儿”不但早已在民间流传，还被收入《全相二十四孝诗选》第十三位“为母埋儿”之中，公然进入中小学堂、私塾之内，传播这一愚孝行为：既忽视了儿童接受的心理问题；又助长了通过愚孝博取功名财富的歪风邪气。向来耿直的鲁迅先生对此便大加鞭挞：“我最初实在替孩子捏一把汗，待到掘出黄金一釜，这才觉得轻松。然而我已经不但自己不敢再想做孝子，并且怕我父亲去做孝子了。”（见鲁迅《二十四孝图》）

鲁迅先生的担忧，在今天看来，依然值得思辨。

赵孝

赵孝，字长平，沛国蕲人也。父普，王莽时为田禾将军，任孝为郎。每告归，常白衣步担。尝从长安还，欲止邮亭。亭长先时闻孝当过，以有长者客，扫洒待之。孝既至，不自名，长不肯内，因问曰：“闻田禾将军子当从长安来，何时至乎？”孝曰：“寻到矣。”于是遂去。及天下乱，人相食。孝弟礼为饿贼所得，孝闻之，即自缚诣贼，曰：“礼久饿羸瘦，不如孝肥饱。”贼大惊，并放之，谓曰：“可且归，更持米糒来。”孝求不能得，复往报贼，愿就亨。众异之，遂不害。乡党服其义。州郡辟召，进退必以礼。举孝廉，不应。

【注】出自《后汉书·刘赵淳于江刘周赵列传》。

赵孝，沛国蕲（今安徽省蕲县）人，其父赵普，在王莽时期领田禾将军一职，在北方屯田。赵普有两子，一子赵孝，一子赵礼。

【评】《后汉书·刘赵淳于江刘周赵列传》相当于

后代史书中的“孝行传”“孝友传”或“孝义传”。诚该卷开篇总题：“孔子曰：‘夫孝莫大于严父，严父莫大于配天，则周公其人也。’子路曰：‘伤哉贫也！生无以养，死无以葬。’子曰：‘啜菽饮水，孝也。’夫钟鼓非乐云之本，而器不可去；三牲非致孝之主，而养不可废。存器而忘本，乐之遁也；调器以和声，乐之成也。崇养以伤行，孝之累也；修己以致禄，养之大也。故言能大养，则周公之祀，致四海之祭；言以义养，则仲由之菽，甘于东邻之牲。夫患水菽之薄，干禄以求养者，是以耻禄亲也。存诚以尽行，孝积而禄厚者，此能以义养也。”这成为《刘赵淳于江刘周赵列传》撰写的主导思想，也可以说，《后汉书》开启了后代官修孝史之先河。

按照《后汉书》记载，彼时，天下大乱，人相食。赵孝之弟赵礼被盗贼绑架，目的可能就是当人肉食。赵孝自己捆绑起来献贼，并给出理由：我比弟弟肥，肉更多，你不如绑架我，而放了羸瘦的赵礼。结果感动了盗贼，盗贼最终既未绑架赵孝，也放了赵礼，只索要了米糒（米粮）。赵孝也遵守约定，果然给盗贼送去了米糒。这一事件为赵孝赢得了孝义的名声。赵孝的孝义行为体现在儒家孝道学说所讲的“兄友弟恭”范畴，这即是赵孝被写如该卷的原因。

蔡顺

汉蔡顺，字君仲，少孤，事母至孝。遭王莽乱，岁荒不给，拾桑葚，以异器盛之。赤眉贼见而问曰："何异乎？"顺曰："黑者奉母，赤者自食。"贼悯其孝，以白米三斗、牛蹄一只赠之。

有诗为颂，诗曰："黑葚奉萱帏，饥啼泪满衣。赤眉知孝意，牛米赠君归。"

【注】出自《全相二十四孝诗选·拾葚供母》。

蔡顺，东汉汝南（今河南省汝南县）人，《后汉书》有其传，"二十四孝"人物之一。

【评】蔡顺"拾葚供母"故事，最早出自《东观汉记》，其记载与《全相二十四孝诗选·拾葚供母》大同小异，异处在《东观汉记》言"贼异之，遗盐二斗，受而不食"。

《后汉书·刘赵淳于江刘周赵列传》之《周磐传》后附《蔡顺传》亦言其"以至孝称"。但记载的孝行与《全相二十四孝诗选》选取的角度不同。《后汉书·蔡顺传》

记载："顺少孤，养母。尝出求薪，有客卒至，母望顺不还，乃噬其指，顺即心动，弃薪驰归，跪问其故。母曰：'有急客来，吾噬指以悟汝耳。'"这个孝行与《全相二十四孝诗选·啮指心痛》的故事如出一辙，是没有选择这故事写入"二十四孝"的原因所在。

《后汉书》还记载了蔡顺的一件孝行："母年九十，以寿终。未及得葬，里中灾，火将逼其舍，顺抱伏棺柩，号哭叫天，火遂越烧它室，顺独得免。太守韩崇召为东部祭酒。母平生畏雷，自亡后，每有雷震，顺辄圜冢泣，曰：'顺在此。'崇闻之，每雷辄为差车马到墓所。后太守鲍众举孝廉，顺不能远离坟墓，遂不就。年八十，终于家。"按照这段记载，蔡顺并不为官位所动，则知《东观汉记》所描述的"贼异之，遗盐二斗，受而不食"，更符合人物特征。

黄香

汉黄香，年九岁，失母。思慕惟切，乡人称其孝。香躬执勤苦，一意事父。夏天暑热，为扇凉其枕席；冬天寒冷，以身暖其被褥。太守刘护表而异之。

有诗为颂，诗曰：“冬月温衾暖，炎天扇枕凉。儿童知子职。千古一黄香。”

【注】出自《全相二十四孝诗选·扇枕温衾》。

黄香，字文强，一作文疆，江夏安陆(今湖北省云梦县)人，历任郎中、尚书郎、尚书左丞、尚书令，官至太尉，名动京师。《全后汉文》收录其著作有《九宫赋》《让东郡太守疏》《留为尚书令上疏》《乐承王苌罪议》《天子冠颂》《屏风铭》等。“二十四孝”人物之一。

【评】黄香“扇枕温衾”的故事，表现出孝行的细节入微，广泛受到好评。彼时，京师有童谣曰：“天下无双，江夏黄童。”陶渊明赞其：“显允群士，行殊名钧。咸能夙夜，以义荣亲。率彼城邑，用化厥民。忠以悟主，其孝乃纯。”连一向对古代孝行挑剔的鲁迅先生也说道：“其中自然也有可以勉力仿效的，如‘子路负米’‘黄香扇枕’之类。”（见鲁迅《二十四孝图》）

在古代社会，从实际可操作层面看，“扇枕温衾”也较切合实际。犹如《三字经》所言“香九龄，能温席。孝于亲，所当执”，大抵是不错的。

姜诗

姜诗，字士游，东汉广汉雒人。诗性至孝，母好饮江水，令儿常取水，溺死。夫妇痛，恐母知，诈曰游学。岁岁作衣，投于扛中，俄而涌泉出舍侧，味如江水，旦生鲤一双。

【注】出自《东观汉记·卷十七》。

姜诗，广汉雒（今四川省广汉市）人，“二十四孝”人物之一。

【评】姜诗“涌泉跃鲤”的故事妇孺皆知。《后汉书·烈女传》记载其妻亦“奉顺尤笃”，“（姜诗）母好饮江水，水去舍六七里，妻常溯流而汲”，如《全相二十四孝诗选》颂之曰“舍侧甘泉出，朝朝双鲤鱼。子能恒孝母，妇亦孝其姑”，夫妇二人，皆以孝著称。

东汉明帝刘庄曾下诏立祀，彰扬姜诗“一门三孝”，并修建“姜公祠”。唐代的王勃和韩愈也曾为其撰写碑文；宋徽宗时期，追封姜诗为至孝广文王。

丁兰

丁兰者，河内人也。少丧考妣，不及供养，乃刻木为人，仿佛亲形，事之若生，朝夕定省。其后，邻人张叔妻从兰妻有所借，兰妻跪报木人，木人不悦，不以借之。叔醉疾来谇骂木人，以杖敲其头。兰还，见木人色不怿，乃问其妻。妻具以告之。即奋剑杀张叔。吏捕兰，兰辞木人去，木人见兰，为之垂泪。郡县嘉其至孝，通于神明。图其形象于云台也。

【注】出自晋代孙盛《逸人传》。

丁兰，河内（今河南省武陟县西南）人，“二十四孝”人物之一。

【评】“人鬼感应”“通于神明”一再成为孝行传说的载体之一。

江革

江革，字次翁，齐国临淄人也。少失父，独与母居。遭天下乱，盗贼并起，革负母逃难，备经阻险，常采拾以为养。数遇贼，或劫欲将去，革辄涕泣求哀，言有老母，辞气愿款，有足感动人者。贼以是不忍犯之，或乃指避兵之方，遂得俱全于难。革转客下邳，穷贫裸跣，行佣以供母，便身之物，莫不必给。

建武末年，与母归乡里。每至岁时，县当案比，革以母老，不欲摇动，自在辕中挽车，不用牛马，由是乡里称之曰“江巨孝”。太守尝备礼召，革以母老不应。及母终，至性殆灭，尝寝伏冢庐，服竟，不忍除。郡守遣丞掾释服，因请以为吏。

永平初，举孝廉为郎，补楚太仆。月余，自劾去。楚王英驰遣官属追之，遂不肯还。复使中傅赠送，辞不受。后数应三公命，辄去。

建初初，太尉牟融举贤良方正，再迁司空长史。肃宗甚崇礼之，迁五官中郎将。每朝会，帝常使虎贲扶侍，及进拜，恒目礼焉。时有疾不会，辄太官送醪膳，恩宠有殊。于是京师贵戚卫尉马廖、侍中窦宪慕其行，各奉书致礼，革无所报受。帝闻而益善之。后上书乞骸骨，转拜谏议大夫。赐告归，因谢病称笃。

元和中，天子思革至行，制诏齐相曰："谏议大夫江革，前以病归，今起居何如？夫孝，百行之冠，众善之始也。国家每惟志士，未尝不及革。县以见谷千斛赐'巨孝'，常以八月长吏存问，致羊酒，以终厥身。如有不幸，祠以中牢。"由是"巨孝"之称，行于天下。及卒，诏复赐谷千斛。

【注】出自《后汉书·刘赵淳于江刘周赵列传》。

江革，齐国临淄（今山东省临淄市）人，"二十四孝"人物之一。

【评】江革，可以视作"举孝廉"制度下，"孝行"优先时期的一个清流人物，多次因其孝行被"举孝廉"，但其却不为官禄所动。晚年由于声誉日隆，强迁五官中郎将，后官至谏议大夫，仍然告归故里。由此，获得"巨孝"之名。巨，大也。诚如《华峤书》所言"临淄令杨音高之，设特席，显异巨孝于稠人广众中，亲奉钱以助供养"也，一"巨"字，彰显了江革的仁孝美名。

赵咨

赵咨，字文楚，东郡燕人也。父畅，为博士。咨少孤，有孝行，州郡召举孝廉，并不就。

延熹元年，大司农陈奇举咨至孝有道，仍迁博士。灵帝初，太傅陈蕃、大将军窦武为宦者所诛，咨乃谢病去。太尉杨赐特辟，使饰巾出入，请与讲议。以幅巾为首饰，不加冠冕。举高第，累迁敦煌太守。以病免还，躬率子孙耕农为养。

盗尝夜往劫之，咨恐母惊惧，乃先至门迎盗，因请为设食，谢曰："老母八十，疾病须养，居贫，朝夕无储，乞少置衣粮。"妻子物余，一无所请。盗皆惭叹，跪而辞曰："所犯无状，干暴贤者。"言毕奔出，咨追以物与之，不及。由此益知名。征拜议郎，辞疾不到，诏书切让，州郡以礼发遣，前后再三，不得已应召。

【注】出自《后汉书·刘赵淳于江刘周赵列传》。

赵咨，东汉东郡燕（今河南省延津县）人，其父赵畅为博士（官名，负责保管文献档案、编撰著述等，汉代设置五经博士），家学渊源深厚，一生践行儒家学说。

【评】赵咨是通过孝行而被多次“举孝廉”的著名历史人物之一。赵咨之孝也是真孝，并非伪孝而换取功名，其为官清正廉洁，名重一时。《后汉书》记述了这样一件事，赵咨拜东海相时，前往就任途中，道经荥阳，他曾经推举的孝廉、时任荥阳县令曹皓迎路谒候，赵咨不留。曹皓一看望尘不及，告诉身边的主簿说：“赵君名重，今过界不见，必为天下笑！”于是，曹皓丢弃印绶，追至东海。曹皓谒见赵咨后，便辞官归家。著名历史学家范晔感慨：“其为时人所贵若此。”的确如此，赵咨在官清简，计日受奉，豪党皆畏其俭节。

类似于赵咨这样通过“举孝廉”进入仕途，并有所作为的官员不少，但是，通过“举孝廉”进入仕途，而毫无作为乃至为非作歹的官员也不在少数。说到底，关于孝与德之间、孝与官之间，不在人，而在制度。这也是“举孝廉”一度走向没落，科举制走上舞台的重要原因之一。

李穆姜

汉中程文矩妻者，同郡李法之姊也，字穆姜。有二男，而前妻四子。文矩为安众令，丧于官。安众，县，属南阳郡。四子以母非所生，憎毁日积，而穆姜慈爱温仁，抚字益隆，衣食资供皆兼倍所生。或谓母曰：“四子不孝甚矣，何不别居以远之？”对曰：“吾方以义相导，使其自迁善也。”及前妻长子兴遇疾困笃，母恻隐自然，亲调药膳，恩情笃密。兴疾久乃瘳，于是呼三弟谓曰：“继母慈仁，出自天受。吾兄弟不识恩养，禽兽其心。虽母道益隆，我曹过恶亦已深矣！”遂将三弟诣南郑狱，陈母之德，状己之过，乞就刑辟。县言之于郡，郡守表异其母，蠲除家徭，遣散四子，许以修革，自后训导愈明，并为良士。

穆姜年八十余卒。临终来诸子曰：“吾弟伯度，智达士也。所论薄葬，其义至矣。又临亡遗令，贤圣法也。令汝曹遵承，勿与俗同，增吾之累。”诸子奉行焉。

【注】出自《后汉书·列女传》。

李穆姜，女，汉中（今陕西省汉中市）程文矩之妻，同郡李法之姐。

【评】在古代行孝故事中，有太多形形色色有关继母虐待继子的事件，比如孔子弟子闵子骞、“卧冰求鲤”的王祥等，就一度受到继母虐待。但是，继母以“母性之爱，出自天受”并发挥得淋漓尽致去感化不孝继子回心转意，李穆姜当是其中佼佼者。

面对继子的不孝行为，李穆姜“以义相导，使其自迁善”之法，用女性最柔软之心肠，最终感化了继子，书写了一出“继母慈仁，继子孝敬”的人间喜剧。

曹娥

孝女曹娥者，会稽上虞人也。父盱，能弦歌，为巫祝。汉安二年五月五日，于县江溯涛婆娑迎神，溺死，不得尸骸。娥年十四，乃沿江号哭，昼夜不绝声，旬有七日，遂投江而死。至元嘉元年，县长度尚改葬娥于江南道旁，为立碑焉。

【注】出自《后汉书·列女传》。

曹娥（130—143），女，会稽上虞（今浙江省绍兴市上虞区）人，东汉时期著名孝女。后人为纪念曹娥孝节，于曹娥投江处建曹娥庙、刻立曹娥碑，所居住村镇改名为曹娥镇，曹娥殉父之江舜江改名为曹娥江。

【评】据项原《列女后传》记载：“娥投衣于水，祝曰：‘父尸所在衣当沈。’衣随流至一处而沈，娥遂随衣而没。”基于时代和科学的限制，曹娥的做法无可厚非，况且其还是一个年仅14岁的孩子。当然，我们仍可以从这出悲剧中看到人性、孝亲的光芒。

陆绩

后汉陆绩，字公纪。年六岁，至九江见袁术。术出橘待之，绩怀橘二枚，及跪拜辞堕地。术曰：“陆郎作宾客，而怀橘乎”绩跪答曰：“吾母性之所爱，欲归以遗母。”术大奇之。

有诗为颂，诗曰：“孝悌皆天性，人间六岁儿。袖中怀橘实，遗母报深慈。”

【注】出自《全相二十四孝诗选·怀橘遗亲》。

陆绩（188—219），字公纪，吴郡吴县（今江苏省苏州市姑苏区）人，庐江太守陆康之子，孙权时期，曾授予奏曹掾，后出任郁林太守，加偏将军。《后汉书》《三国志·吴志》皆有其传，“二十四孝”人物之一。

【评】陆绩“怀橘遗亲”被收入《全相二十四孝诗选》第九。此孝行出自孩童天性，诚如诗言“孝悌皆天性，人间六岁儿。袖中怀橘实，遗母报深慈”。

鲍出

鲍出，字文才，京兆新丰人也。少游侠。兴平中，三辅乱，出与老母兄弟五人家居本县，以饥饿，留其母守舍，相将行采蓬实，合得数升，使其二兄初、雅及其弟成持归，为母作食，独与小弟在后采蓬。初等到家，而啖人贼数十人已略其母，以绳贯其手掌，驱去。初等怖恐，不敢追逐。须臾，出从后到，知母为贼所略，欲追贼。兄弟皆云："贼众，当如何？"出怒曰："有母而使贼贯其手，将去煮啖之，用活何为？"乃攘臂结衽独追之，行数里及贼。贼望见出，乃共布列待之。出到，回从一头斫贼四五人。贼走，复合聚围出，出跳越围斫之，又杀十余人。时贼分布，驱出母前去。贼连击出，不胜，乃走与前辈合。出复追击之，还见其母与比舍妪同贯相连，出遂复奋击贼。贼问出曰："卿欲何得？"出责数贼，指其母以示之，贼乃解还出母。比舍妪独不解，遥望出求哀。出复斫贼，贼谓出曰："已还卿母，何为不止？"出又指求哀妪："此我嫂也。"贼复解还之。出得母还，遂相扶侍，客南阳。建安五年，关中始开，出来北归，而其母不能步行，兄弟欲共舆之。出以舆车历山险危，不如负之安稳，乃以笼盛其母，独自负之，到乡里。乡里士大夫嘉其孝烈，欲荐州郡，郡辟召出，出曰："田民不堪冠带。"至青龙中，母年百余岁乃终，出时年七十余，行丧如礼，余今年八九十，才若五六十者。

【注】出自《三国志·魏书·阎温传》裴松之注引《魏略·勇侠传》。

鲍出（生卒年不详），字文才，京兆新丰（今陕西省西安市临潼区）人，"二十四孝"人物之一。

【评】乱世出英雄，乱世也出孝子。诚如《道德经》所言："大道废有仁义；智慧出有大伪；六亲不和有孝慈；国家昏乱有忠臣。"

孟宗

（孟）宗母嗜笋，冬节将至。时笋尚未生，宗入竹林哀叹，而笋为之出，得以供母，皆以为至孝之所致感。累迁光禄勋，遂至公矣。

【注】出自《楚国先贤传》。

孟宗，字恭武，三国吴江夏人，本名宗，避孙皓字，易名仁，任吴令、盐池司马，累迁光禄卿、司空，“二十四孝”人物之一。

【评】白居易《白氏六帖》言称：“孟宗后母好笋，令宗冬月求之，宗入竹林恸哭，笋为之出。”《全相二十四孝诗选·哭竹生笋》亦言：“（宗母）多月思笋煮羹食。宗无计可得，乃往竹林中，抱竹而泣。孝感天地，须臾地裂，出笋数茎。归持，作羹奉母，食毕疾愈。”《孝诗》赞之曰：“万象死灰色，千林号怒声。何人苦哀泣，冻竹强抽萌。”孝感天地，大概也是郭居敬选取“二十四孝”人物的主要方向。

王裒

王裒，字伟元，城阳营陵人也。祖修，有名魏世。父仪，高亮雅直，为文帝司马。东关之役，帝问于众曰："近日之事，谁任其咎？"仪对曰："责在元帅。"帝怒曰："司马欲委罪于孤邪！"遂引出斩之。

裒少立操尚，行己以礼，身长八尺四寸，容貌绝异，音声清亮，辞气雅正，博学多能，痛父非命，未尝西向而坐。示不臣朝廷也。于是隐居教授，三征七辟皆不就。庐于墓侧，旦夕常至墓所拜跪，攀柏悲号，涕泪著树，树为之枯。母性畏雷，母没，每雷，辄到墓曰："裒在此。"」及读《诗》至"哀哀父母，生我劬劳"，未尝不三复流涕，门人受业者并废《蓼莪》之篇。

【注】出自《晋书·王裒传》。

王裒，字伟元，城阳营陵（今山东省昌乐县）人，东汉大司农郎中令王脩（魏国名士）之孙，司马王仪之子，因其父为司马昭所杀，不臣西晋，隐居受徒。《全相二十四孝诗选》收入其孝行故事，名曰"闻雷泣墓"，与《晋书》所载相同。此外，《孝子传补遗》《孝诗》《敦煌写本》等，亦有记载其孝行故事。

【评】王裒孝行,一则体现在其父王仪为司马昭所杀，终生不仕晋朝；二则体现在其母惊怕雷声，他在每次打雷时来到母亲墓前陪伴。这两点都体现儒家孝道学说的核心观点,孝亲是人生最重要的事情,没有之一。如《孝经》所言“天地之性，人为贵。人之行，莫大于孝”，又如“夫孝，天之经也，地之义也，民之行也”。

王祥

王祥，字休徵，琅琊临沂人，汉谏议大夫吉之后也。祖仁，青州刺史。父融，公府辟不就。

祥性至孝。早丧亲，继母硃氏不慈，数谮之，由是失爱于父。每使扫除牛下，祥愈恭谨。父母有疾，衣不解带，汤药必亲尝。母常欲生鱼，时天寒冰冻，祥解衣将剖冰求之，冰忽自解，双鲤跃出，持之而归。母又思黄雀炙，复有黄雀数十飞入其幕，复以供母。乡里惊叹，以为孝感所致焉。有丹柰结实，母命守之，每风雨，祥辄抱树而泣。其笃孝纯至如此。

【注】出自《晋书·王祥传》。

王祥，字休徵，琅琊临沂（今山东省临沂市）人，三国曹魏及西晋时大臣。曹魏时期，先后任县令、大司农、司空、太尉等职，封爵睢陵侯。西晋建立，拜太保，进封睢陵公。有《训子孙遗令》一文传世。

【评】王祥孝行故事，亦收入《全相二十四孝诗选》，名为“卧冰求鲤”。“卧冰求鲤”与“涌泉跃鲤”有异曲同工之妙，所不同的是，王祥所孝养的是继母硃氏，且这位继母对王祥也不好，且挑拨王祥父子关系，由是“失爱于父”，但是王祥“以德报怨”“以孝服人”，始终不违背父母意旨，做到了“敬而不违，劳而不怨”的儒家孝道要求，最终赢得了乡里的称赞。

唐代房玄龄等人撰《晋书》时，也给予了极高的评价：“孝为德本，王祥所以当仁。郑冲含素，王祥迟暮。百行斯融，双飞天路。”正如《全相二十四孝诗选》有诗赞之：“继母人间有，王祥天下无。至今河上水，留得卧冰模。”由于王祥侍奉后母极孝，不但成为“二十四孝”人物之一，还被后世誉为“孝圣”。

吴猛

晋吴猛，年八岁，事亲至孝。家贫，榻无帷帐。每夏夜，蚊多潜肤，恣取膏。虽多不驱之，恐其去以而噬亲也。爱亲之心至矣。

有诗为颂，诗曰："夏夜无帷帐，蚊多不敢挥。恣取膏血饱，免使入亲帏。"

【注】出自《全相二十四孝诗选·恣蚊饱血》。

吴猛，字世云，祖籍濮阳（今河南省濮阳县）。

【评】吴猛想出令人忍俊不禁的"恣蚊饱血"方法，不但体现出其"事亲至孝"，也体现出一个8岁孩童的天真。

杨香

顺阳南乡县杨丰与息女香于田获粟，父为虎噬，香年甫十四，手无寸刀，乃扼虎领，丰因获免。香以诚孝致感，猛兽为之逡巡。太守平昌孟肇之赐资谷，旌其门闾焉。

【注】出自南朝宋刘敬叔撰《异苑》。

杨香，晋代杨丰之女，顺阳南乡县（今河南省淅川县）人，“二十四孝”人物之一。

【评】《全相二十四孝诗选》共收录了三位女性：一是《涌泉跃鲤》的姜诗之妻；二是《扼虎救父》的杨香，即本篇主角；三是《乳姑不怠》里的唐代崔山南祖母唐夫人。三位女性所孝角度不同，姜诗之妻和唐夫人是在处理婆媳关系中体现出孝行，而杨香则从女儿身份“扼虎救父”，体现出传统孝女风采。

但是，杨香“扼虎救父”的孝行有诸多值得思考的地方。

其一，一位年仅14岁的女孩杨香，赤手空拳，与虎搏斗，最终通过孝行或孝心以使虎自觉放弃或幡然醒悟而捡回性命，所谓“香以诚孝致感，猛兽为之逡巡”，有拔高孝行之嫌，即所谓“孝感动天”，也可以感动虎。并导致后世史书记载有诸多以孝感动虎的孝行故事，成为孝行模式化的滥觞。

其二，对于传统的孝行故事，既要有人之常情的判断，也要有常识的判断。于危难时刻，救亲于险境之中，的确是人之常情。据《梁书·孝行传》记载：“宣城宛陵有女子与母同床寝，母为猛虎所搏，女号叫拿虎，虎毛尽落，行十数里，虎乃弃之。女抱母还，犹有气，经时乃绝。太守萧琛赙焉，表言其状。有诏旌其门闾。”这则孝行故事描写得相对客观、真实一些，没有纳入孝感动虎的拔高情节。

其三，与自然环境有关。古代山林遍布，虎迹常见，因此发生人与虎之间的搏斗事件常见，也属客观事实。

其四，非拔高、夸大孝行行为，都值得赞美和提倡。反之，需要加以辨别。

严世期

严世期，会稽山阴人也。好施慕善，出自天然。同里张迈三人，妻各产子，时岁饥俭，虑不相存，欲弃而不举。世期闻之，驰往拯救，分食解衣，以赡其乏，三子并得成长。同县俞阳妻庄年九十，庄女兰七十，并各老病，单孤无所依，世期衣饴之二十余年，死并殡葬。宗亲严弘、乡人潘伯等十五人，荒年并饿死，露骸不收，世期买棺器殡埋，存育孩幼。山阴令何曼之表言之。元嘉四年，有司奏榜门曰："义行严氏之闾"，复其身徭役，蠲租税十年。

【注】出自《宋书·孝义传》。

严世期，南朝宋会稽山阴（今浙江省绍兴市）人。

【评】严世期践行了儒家孝道学说的"老吾老，以及人之老；幼吾幼，以及人之幼"，孝亲抚幼，不止于血缘关系。在当时社会处于"晋、宋以来，风衰义缺，刻身厉行，事薄膏腴"之际，方能如此之行，实属不易。

庾黔娄

南齐庾黔娄，为孱陵令。到县未旬日，忽心惊流汗。及弃官归，时父疾始二日。医曰："欲知愈剧，但尝粪。苦则佳。"黔娄尝之，甜。心甚忧之。至夕，稽颡北辰，求以身代父死。

有诗为颂，诗曰："到县未旬日，椿庭遘疾深。愿将身代死，北望起忧心。"

【注】出自《全相二十四孝诗选·尝粪忧心》。

庾黔娄，字子贞，今河南省新野人，其父易，司徒主簿，征不至，有高名。

【评】基于血缘关于的亲情，在父母、兄弟、姐妹之间有着天然的、不自觉的难以割舍之情，庾黔娄在父疾无医的可能下，自然不自然地便会释放出这种情感——"愿将身代死，北望起忧心"。

甄恬

甄恬，字彦约，中山无极人也，世居江陵。祖钦之，长宁令。父标之，州从事。恬数岁丧父，哀感有若成人。家人矜其小，以肉汁和饭饲之，恬不肯食。年八岁，问其母，恨生不识父，遂悲泣累日，忽若有见，言其形貌，则其父也，时以为孝感。家贫，养母常得珍羞。及居丧，庐于墓侧，恒有鸟玄黄杂色，集于庐树，恬哭则鸣，哭止则止。又有白雀栖宿其庐。州将始兴王憺表其行状。诏曰："朕虚己钦贤，寤寐盈想。诏彼群岳，务尽搜扬。恬既孝行殊异，声著邦壤，敦风厉俗，弘益兹多。牧守腾闻，义同亲览。可旌表室闾，加以爵位。"恬官至安南行参军。

【注】出自《梁书·孝行传》。

甄恬，中山无极（今属河北省）人。

【评】历史上，不断演绎着“家贫出孝子”的事件。事实上，历史上乃至今日，也不断出现“家贫不养老”的事件。

吴翼之母丁氏

永明元年，会稽永兴吴翼之母丁氏，少丧夫，性仁爱。遭年荒，分衣食以贻里中饥饿者，邻里求借，未尝违。同里陈穰父母死，孤单无亲戚，丁氏收养之，及长，为营婚娶。又同里王礼妻徐氏，荒年客死山阴，丁为买棺器，自往敛葬。元徽末，大雪，商旅断行，村里比屋饥饿，丁自出盐米，计口分赋。同里左侨家露四丧，无以葬，丁为办冢椁。有三调不登者，代为输送。丁长子妇王氏守寡执志不再醮。州郡上言，诏表门闾，蠲租税。

【注】出自《南齐书·孝义传》。

丁氏，女，南齐会稽永兴（今浙江省绍兴市）人。

【评】吴翼之的母亲丁氏所做的仁义之事，已经脱离了狭义的血缘关系之间，丁氏既扶危济困、助老扶弱，亦替人行孝（如同里左侨家露四丧，无以葬，丁为办冢椁），按照《孝经》所言“安身行道，扬名于世，孝之终也”，大概正是丁氏所追求的人生目标。

司马皓

司马皓，字文升，河内温人也。高祖晋侍中、光禄勋柔之，以南顿王孙绍齐文献王攸之后。父子产，梁尚书水部侍郎、后阳太守，即梁武帝之外兄也

皓幼聪警，有至性。年十二，丁内艰，孺慕过礼，水浆不入口，殆经一旬。每至号恸，必致闷绝，内外亲戚，皆惧其不胜丧。父子产每晓喻之，逼进饘粥，然毁瘠骨立。服阕，以姻戚子弟，预入问讯，梁武帝见皓羸瘦，叹息良久，谓其父子产曰："昨见罗儿面颜憔悴，使人恻然，便是不坠家风，为有子矣。"罗儿，即皓小字也。释褐太学博士，累迁正员郎。丁父艰，哀毁逾甚，庐于墓侧，一日之内，唯进薄麦粥一升。墓在新林，连接山阜，旧多猛兽，皓结庐数载，豺狼绝迹。常有两鸠栖宿庐所，驯狎异常，新林至今犹传之。

【注】出自《陈书·孝行传》。

司马皓，河内温(今河南省温县)人，高祖是晋朝侍中、光禄勋司马柔之，以卢塑王孙绍蛮塞麸王司马攸之后。

父亲司马子产，梁朝尚书水部侍郎、后阳太守，即梁武帝表兄。

【评】儒家谈孝，既重生，亦重死。《礼记·檀弓》引述孔子的话说："丧礼，与其哀不足而礼有余也，不若礼不足而哀有余也；祭礼，与其敬不足而礼有余也，不若礼不足而敬有余也。"简言之，就是办理丧事，不是讲究礼仪是否周道详备，而是要表达出哀思之情。《孝经·丧亲章第十八》中，也这样强调："生事爱敬，死事哀戚，生民之本尽矣，死生之义备矣，孝子之事亲终矣。"

再看司马皓之尽孝，亲丧"丁内艰（丧制名，凡子遭母丧或孙遭祖母丧，称丁内艰）"，"水浆不入口，殆经一旬""毁瘠骨立"等，正体现了"死事哀戚"。且儒家倡导"三年之丧"，目的是不但要把哀戚表达得有深度，还要有长度，所以"三年之丧"就是"长度"的最好体现。司马皓所做的是干脆"庐于墓侧"，并居住数载。

张元

张元，字孝始，河北芮城人也。祖成，假平阳郡守。父延俊，仕州郡，累为功曹、主簿。并以纯至，为乡里所推。元性谦谨，有孝行。微涉经史，然精修释典。年六岁，其祖以夏中热甚，欲将元就井浴。元固不肯从。祖谓其贪戏，乃以杖击其头曰："汝何为不肯洗浴？"元对曰："衣以盖形，为覆其亵。元不能亵露其体于白日之下。"祖异而舍之。南邻有二杏树，杏熟，多落元园中。诸小儿竞取而食之；元所得者，送还其主。村陌有狗子为人所弃者，元见，即收而养之。其叔父怒曰："何用此为？"将欲更弃之。元对曰："有生之类，莫不重其性命。若天生天杀，自然之理。今为人所弃而死，非其道也。若见而不收养，无仁心也。是以收而养之。"叔父感其言，遂许焉。未几，乃有狗母衔一死兔，置元前而去。

及元年十六，其祖丧明三年，元恒忧泣，昼夜读佛经，礼拜以祈福祐。后读《药师经》，见盲者得视之言，遂请七僧，然七灯，七日七夜，转《药师经》行道。每言："天人师乎！元为孙不孝，使祖丧明。今以灯光普施法界，愿祖目见明，元求代暗。"如此经七日。其夜，梦见一老公，以金鎞治其祖目。谓元曰：“勿忧悲也，三日之后，汝祖目必差。”元于梦中喜跃，遂即惊觉，乃遍告家人。居三日，祖果目明。

其后祖卧疾再周，元恒随祖所食多少，衣冠不解，旦夕扶侍。及祖歿，号踊，绝而复苏。复丧其父，水浆不入口三日。乡里咸叹异之。县博士杨轨等二百余人上其状，有诏表其门闾。

【注】出自《周书·孝义传》。

张元，生于官宦世家，河北芮城（今山西省芮城县）人。

【评】张元的孝行故事，有一个显著特征，即以孝感动天地和神明，这也是古代孝道说教的主要方式，试图通过孝感动天地神明而获得物质、精神上的奖励和慰藉。即如参与编撰《周书》的唐初著名史学家令狐德、岑文本等人，在思想上也偏向于这样的认识：“若乃诚感天地，孝通神明，见之于张元矣。”这句话翻译过来就是，你信不信“诚感天地，孝通神明”，不信的话，你看张元的例子就很好啊。因其“为孙不孝，使祖丧明”，所以改过自新，求经“愿祖目见明”，“如此经七日”，其祖果然目明。至此，张元走向“衣冠不解，旦夕扶侍”“水浆不入口三日”的孝行之路。

第四 隋唐篇

隋唐篇，主要收集隋唐时期的人物孝行和孝道故事。自魏晋南北朝离乱以来，“以孝治国”及“举孝廉”的选拔官员机制逐渐走向衰落，门阀制度兴起，是不争的事实。进入隋唐以后，曾经杀伐攻掠的战争局面得以缓解，从四分五裂又走向统一。自唐代以来，“以孝治国”又重新走向历史的舞台。于是，民间孝风重新燃起。

隋唐

陆彦师

陆彦师，字云房，魏郡临漳人。祖希道，魏定州刺史。父子彰，中书监。彦师少有行检，为邦族所称。长而好学，解属文。魏襄城王元旭引为参军事。以父艰去职，哀毁殆不胜丧。与兄卬庐于墓次，负土成坟。公卿重之，多就墓侧存问，晦朔之际，车马不绝。齐文宣闻而嘉叹，旌表其闾，号其所住为孝终里。中书令河间邢邵表荐之，未报，彭城王浟为司州牧，召补主簿。后历中外府东阁祭酒。兄卬当袭父始平侯，以彦师昆弟中最幼，表让封焉。彦师固辞而止。时称友悌孝义，总萃一门。迁中书舍人，寻转通直散骑侍郎。每陈使至，必令高选主客，彦师所接对者，前后六辈。历中书黄门侍郎，以不阿宦者，遇谗，出为中山太守，有惠政。数年，征为吏部郎中。周武平齐，授载师下大夫。宣帝时，转少纳言，赐爵临水县男，奉使幽、蓟。俄而高祖为丞相，彦师遇疾，请假还邺。尉迥将为乱，彦师微知之，遂委妻子，潜归长安。高祖嘉之，授内史下大夫，拜上仪同。高祖受禅，拜尚书左丞，进爵为子。彦师素多病，未几，以务剧疾动，乞解所职，有诏听以本官就第。岁余，转吏部侍郎。隋承周制，官无清浊，彦师在职，凡所任人，颇甄别于士庶，论者美之。后复以病出为汾州刺史，卒官。

【注】出自《隋书·孝义传》。

陆彦师，本姓步六孤，字云房，魏郡临漳（今河北省临漳县）人，东魏、隋朝时期大臣，中书监陆子彰之子。行为检点，好学善文。

【评】孝，在古代讲究功用主义。陆彦师兄弟便通过孝行，光耀门楣——“与兄印庐于墓次，负土成坟。公卿重之，多就墓侧存问，晦朔之际，车马不绝”；还受到朝廷表彰——“旌表其闾，号其所住为孝终里”；更换来官职的升迁——“迁中书舍人，寻转通直散骑侍郎”“高祖受禅，拜尚书左丞，进爵为子”等，虽其中有所不受，抑或故做姿态而已。

有人或许疑问，若是以孝博取功利、中饱私囊者，民间岂不遭殃？值得庆幸的是，陆彦师本人刚直不阿、清正自律，“论者美之”。

薛道赜

薛濬，字道赜，刑部尚书、内阳公胄之从祖弟也。父琰，周渭南太守。濬少丧父，早孤，养母以孝闻。幼好学，有志行，寻师于长安。时初平江陵，何妥归国，见而异之，授以经业。周天和中，袭爵虞城侯，历纳言上士、新丰令。开皇初，擢拜尚书虞部侍郎，寻转考功侍郎。帝闻濬事母至孝，以其母老，赐舆服机杖，四时珍味，当时荣之。后其母疾，濬貌甚忧瘁，亲故弗之识也。暨丁母艰，诏鸿胪监护丧事，归葬夏阳。于时隆冬极寒，濬衰绖徒跣，冒犯霜雪，自京及乡，五百余里，足冻坠指，疮血流离，朝野为之伤痛。州里赗助，一无所受。寻起令视事，濬屡陈诚款，请终丧制，优诏不许。及至京，上见其毁瘠过甚，为之改容，顾谓群臣曰："吾见薛濬哀毁，不觉悲感伤怀。"嗟异久之。濬竟不胜丧，病且卒。

【注】出自《隋书·孝义传》。

薛濬，字道赜，河东汾阴（今山西省石荣西南）人，少孤好学，历仕北周、隋朝。

【评】薛道赜母卒，其不畏天地严寒霜雪，冒着“足冻坠指，疮血流离”的伤痛，自京城及乡五百余里，归葬母亲，传递出中国传统文化和孝道里一个重要的事实：国人安土重迁，讲究落叶归根。《汉书·元帝纪》载：“安土重迁，黎民之性；骨肉相附，人情所愿也。”正是中国乡土文化的内核。

诚如薛道赜归乡葬母之际，写给其弟薛谟的遗书中所言：“吾以不造，幼丁艰酷，穷游约处，屡绝箪瓢。晚生早孤，不闻《诗》《礼》，赖奉先人贻厥之训，获禀母氏圣善之规，负笈裹粮，不惮艰远，从师就业，欲罢不能。砥行厉心，困而弥笃，服膺教义，爰至长成。自释耒登朝，于兹二十三年矣。虽官非闻达，而禄喜逮亲，庶保期颐，得终色养。何图精诚无感，祸酷荐臻，兄弟俱被夺情，苫庐靡申哀诉。是用扣心泣血，陨气摧魂者也。既而创巨衅深，不胜荼毒，启手启足，幸及全归。使夫死而有知，得从先人于地下矣，岂非至愿哉。但念尔伶俜孤宦，远在边服，顾此悢悢，如何可言。适已有书，冀得与汝面诀，忍死待汝，已历一旬。汝既未来，便成今古，缅然永别，为恨何言。勉之哉，勉之哉！”所谓“得从先人于地下矣”，正是安土重迁的传统以宗族、血缘为主而产生的姓氏文化和地缘认同观念。这也就导致了历来国人重视家庭、重视乡土情结的主要因素，也是助推历代“以孝治国”的主要因素。

王颁

王颁，字景彦，太原祁人也。祖神念，梁左卫将军。父僧辩，太尉。颁少俶傥，有文武干局。其父平侯景，留颁质于荆州，遇元帝为周师所陷，颁因入关。闻其父为陈武帝所杀，号恸而绝，食顷乃苏，哭泣不绝声，毁瘠骨立。至服阕，常布衣蔬食，藉藁而卧。周明帝嘉之，召授左侍上士，累迁汉中太守，寻拜仪同三司。开皇初，以平蛮功，加开府，封蛇丘县公。献取陈之策，上览而异之，召与相见，言毕而歔欷，上为之改容。及大举伐陈，颁自请行，率徒数百人，从韩擒先锋夜济。力战被伤，恐不堪复斗，悲感呜咽。夜中因睡，梦有人授药，比寤而创不痛，时人以为孝感。及陈灭，颁密召父时士卒，得千余人，对之涕泣。其间壮士或问颁曰：“郎君来破陈国，灭其社稷，雠耻已雪，而悲哀不止者，将为霸先早死，不得手刃之邪？请发其丘垄，断榇焚骨，亦可申孝心矣。”颁顿颡陈谢，额尽流血，答之曰：“其为帝王，坟茔甚大，恐一宵发掘，不及其尸，更至明朝，事乃彰露，若之何？”诸人请具锹锸，一旦皆萃。于是夜发其陵，剖棺，见陈武帝须并不落，其本皆出自骨中。颁遂焚骨取灰，投水而饮之。既而自缚，归罪于晋王。王表其状，高祖曰：“朕以义平陈，王颁所为，亦孝义之道也，朕何忍罪之！”舍而不问。有司录其战功，将加柱国，赐物五千段，颁固辞曰：“臣缘国威灵，得雪怨耻，本心徇私，非是为国，所加官赏，终不敢当。”

【注】出自《隋书·孝义传》。

王颁，字景彦，隋代太原祁（今山西省祁县）人，生卒年不详，王僧辩次子，曾担任隋灭陈之战的先锋，并在胜利后为父报仇。

【评】王颁之父王僧辩被陈武帝陈霸先杀死，后隋朝灭陈，王颁邀请曾经死于陈武帝之手的后代士卒，掘开陈霸先陵墓，将其骨骸焚化成灰，并加水饮之。这是深埋于中国文化根底里的人性本色，如《礼记·曲礼》言：“父之仇，弗与共戴天。”因此，报父仇也就成了“孝义之道”。

杨庆

杨庆，字伯悦，河间人也。祖玄，父刚，并以至孝知名。庆美姿仪，性辩慧。年十六，齐国子博士徐遵明见而异之。及长，颇涉书记。年二十五，郡察孝廉，以侍养不行。其母有疾，不解襟带者七旬。及居母忧，哀毁骨立，负土成坟。齐文宣帝表其门闾，赐帛三十匹，绵十屯，粟五十石。高祖受禅，屡加褒赏，擢授仪同三司，版授平阳太守。年八十五，终于家。

【注】出自《隋书·孝义传》。

杨庆，字伯悦，河间（今河北省沧州市）人。

【评】孔子曰："生，事之以礼；死，葬之以礼，祭之以礼。"这是隋唐早期正常的社会孝行风气。杨庆的一系列孝行规范动作，也成为《隋书》《旧唐书》《新唐书》收录孝子孝行的主要标准之一。

纽回

纽回，字孝政，河东安邑人也。性至孝，周武成中，父母丧，庐于墓侧，负土成坟。庐前生麻一株，高丈许，围之合拱，枝叶郁茂，冬夏恒青。有乌栖其上，回举声哭，乌即悲鸣，时人异之。周武帝表其闾，擢授甘棠令。开皇初卒。

子士雄，少质直孝友，丧父，复庐于墓侧，负土成坟。其庭前有一槐树，先甚郁茂，及士雄居丧，树遂枯死。服阕还宅，死树复荣。高祖闻之，叹其父子至孝，下诏褒扬，号其所居为累德里。

【注】出自《隋书·孝义传》。

纽回，河东安邑（今山西省永济市）人。

【评】纽回之行孝，受到帝王表彰，表明隋代以来，统治者也在逐渐在探索“孝治”政策及“孝治”措施。由于隋代立国较短，其“以孝治国”往往被忽视，事实上，隋代不但将“不孝”纳入国家法律，还据此对社会上的“不孝”行为和风气进行不遗余力的打击。

李德饶

李德饶，赵郡柏人人也。祖彻，魏尚书右丞。父纯，开皇中为介州长史。德饶少聪敏好学，有至性，宗党咸敬之。弱冠为校书郎，仍直内史省，参掌文翰。转监察御史，纠正不避贵戚。大业三年，迁司隶从事，每巡四方，理雪冤枉，褒扬孝悌。虽位秩未通，其德行为当时所重。凡与交结，皆海内髦彦。性至孝，父母寝疾，辄终日不食，十旬不解衣。及丁忧，水浆不入口五日，哀恸呕血数升。及送葬之日，会仲冬积雪，行四十余里，单縗徒跣，号踊几绝。会葬者千余人，莫不为之流涕。后甘露降于庭树，有鸠巢其庐。纳言杨达巡省河北，诣其庐吊慰之，因改所居村名孝敬村，里为和顺里。后为金河长，未之官，值群盗蜂起，贼帅格谦、孙宣雅等十余头，聚众于渤海。时有敕许其归首，谦等惧不敢降，以德饶信行有闻，遣使奏曰："若使德饶来者，即相率归首。"帝于是遣德饶往渤海慰谕诸贼。行至冠氏，会他盗攻陷县城，德饶见害。

【注】出自《隋书·孝义传》。

李德饶，赵郡柏（今河北省邢台市隆尧县）人。

【评】李德饶以孝闻名，以仁怀为本，德行为当时所重——亲丧“及送葬之日，会仲冬积雪，行四十余里，单縗徒跣，号踊几绝。会葬者千余人，莫不为之流涕”，即是明证。因故，李德饶还一度感化盗窃。唐代魏徵等作《隋书》时，评曰：“德饶仁怀群盗，德绍（李德饶之弟）义感兴王，亦足称也。”

徐孝肃

徐孝肃，汲郡人也。宗族数千家，多以豪侈相尚，唯孝肃性俭约，事亲以孝闻。虽在幼齿，宗党间每有争讼，皆至孝肃所平论之，为孝肃所短者，无不引咎而退。孝肃早孤，不识父，及长，问其母父状，因求画工，图其形像，构庙置之而定省焉，朔望享祭。养母至孝，数十年，家人未见其有忿恚之色。及母老疾，孝肃亲易燥湿，忧悴数年，见者无不悲悼。母终，孝肃茹蔬饮水，盛冬单缞，毁瘠骨立。祖父母、父母墓皆负土成坟，庐于墓所四十余载，被发徒跣，遂以身终。

【注】出自《隋书·孝义传》。

徐孝肃，汲郡（今河南省卫辉市）人。

【评】宗法社会，宗族、家族治理，实以孝治为本，孝也被视为诚信、公正、公平的象征。

李知本

李知本，赵州元氏人，后魏洛州刺史灵六世孙也。父孝端，隋获嘉丞。初，孝端与族弟太冲，俱有世阀，而太冲官宦最高，孝端方之为劣。乡族为之语，曰："太冲无兄，孝端无弟。"知本颇涉经史，事亲至孝，与弟知隐甚称雍睦。子孙百余口，财物僮仆，纤毫无间。隋末，盗贼过其闾而不入，因相让曰："无犯义门。"同时避难者五百余家，皆赖而获免。

知本贞观初官至夏津令，知隐至伊阙丞。知本孙瑱，开元中为给事中、扬州刺史。知隐孙颙，有文词，亦历给事中、太常少卿。从祖兄弟，凡为给事者四人。

【注】出自《旧唐书·孝友传》。

李知本，赵州元氏（今河北省邢台市）人。

【评】因家族和睦，兄弟孝义，不但子孙百余口免遭盗贼侵扰，还连带十里八村乡邻五百余家得以免受盗贼之害。

这样的事例，在隋唐更迭之际，并非孤例，如《旧唐书·张志宽传》记载："张志宽，蒲州安邑人。隋末丧父，哀毁骨立，为州里所称。贼帅王君廓屡为寇掠，闻其名，独不犯其闾，邻里赖之而免者百余家。"又如《旧唐书·刘君良传》记载："刘君良，瀛州饶阳人也。累代义居，兄弟虽至四从，皆如同气，尺布斗粟，人无私焉。大业末，天下饥馑……属盗起，闾里依之为堡者数百家，因名为义成堡。"因此，以孝为纽带的宗族或家族群体，在战乱频繁的社会抱团取暖，更能趋利避害，这也是孝在民间发挥自治力量之所在。

宋兴贵

宋兴贵者，雍州万年人。累世同居，躬耕致养，至兴贵已四从矣。

高祖闻而嘉之，武德二年，诏曰："人禀五常，仁义为重；士有百行，孝敬为先。自古哲王，经邦致治，设教垂范，皆尚于斯。叔世浇讹，人多伪薄，修身克己，事资诱劝。朕恭膺灵命，抚临四海，愍兹弊俗，方思迁导。宋兴贵立操雍和，志情友穆，同居合爨，累代积年，务本力农，崇谦履顺。弘长名教，敦励风俗，宜加褒显，以劝将来。可表其门闾，蠲免课役。布告天下，使明知之。"

【注】出自《旧唐书·孝友传》。

宋兴贵，雍州万年（今甘肃省武威市）人。

【评】"累世同居"成为有唐以来褒奖的主题。如《旧唐书·张公艺传》记载："张公艺，九代同居。北齐时，东安王高永乐诣宅慰抚旌表焉。隋开皇中，大使、邵阳公梁子恭亦亲慰抚，重表其门。贞观中，特敕吏加旌表。

麟德中，高宗有事泰山，路过郓州，亲幸其宅，问其义由。其人请纸笔，但书百余‘忍’字。高宗为之流涕，赐以缣帛。”

古代社会以小农经济为主，累世同居，壮大家族，不但利于生活生产，也利于统治及地方自治。那么，再看唐高祖的诏令“同居合爨，累代积年，务本力农，崇谦履顺。弘长名教，敦励风俗，宜加褒显，以劝将来”的背后用意，也就不言自明了。

王君操

王君操，莱州即墨人也。其父隋大业中与乡人李君则斗竞，因被殴杀。君操时年六岁，其母刘氏告县收捕，君则弃家亡命，追访数年弗获。贞观初，君则自以世代迁革，不虑国刑，又见君操孤微，谓其无复仇之志，遂诣州府自首。而君操密袖白刃刺杀之，刳腹取其心肝，啖食立尽，诣刺史具自陈告。州司以其擅杀戮，问曰：“杀人偿死，律有明文，何方自理，以求生路？”对曰：“亡父被杀，二十余载。闻诸典礼，父仇不可同天。早愿图之，久而未遂，常惧亡灭，不展冤情。今大耻既雪，甘从刑宪。”州司据法处死，列上其状，太宗特诏原免。

【注】出自《旧唐书·孝友传》。

宋兴贵，莱州即墨（今山东省莱州市）人。

【评】王君操为孝报父仇，按唐律当以处死，结果唐太宗特诏赦免，属例外。

但也没有例外的时候，如《旧唐书·周智寿传》记载：

“周智寿者，雍州同官人。其父永徽初被族人安吉所害。智寿及弟智爽乃候安吉于途，击杀之。兄弟相率归罪于县，争为谋首，官司经数年不能决。乡人或证智爽先谋，竟伏诛。临刑神色自若，顾谓市人曰：‘父仇已报，死亦何恨！’智寿顿绝衢路，流血遍体。又收智爽尸，舐取智爽血，食之皆尽，见者莫不伤焉。”

关于报父仇是判无罪还是处死，唐代文学家、时任左拾遗的陈子昂和另一文学大家、时任礼部员外郎的柳宗元两人之间因“下邽人徐元庆父爽为县尉赵师韫所杀，元庆变姓名为驿家保。久之，师韫以御史舍亭下，元庆手杀之，自囚诣官”事件，进行过交锋辩论，其辩议如下：

陈子昂议曰：“先王立礼以进人，明罚以齐政。枕干仇敌，人子义也；诛罪禁乱，王政纲也。然无义不可训人，乱纲不可明法。圣人修礼治内，饬法防外，使守法者不以礼废刑，居礼者不以法伤义，然后暴乱销，廉耻兴，天下所以直道而行也。元庆报父仇，束身归罪，虽古烈士何以加？然杀人者死，画一之制也，法不可二，元庆宜伏辜。《传》曰：‘父仇不同天。’劝人之教也。教之不苟，元庆宜赦。臣闻刑所以生，遏乱也；仁所以利，崇德也。今报父之仇，非乱也；行子之道，仁也。仁而无利，与同乱诛，是曰能刑，未可以训。然则邪由正生，治必乱作，故礼防不胜，先王以制刑也。今义元庆之节，则废刑也。迹元庆所以能义动天下，以其忘生而趋其德也。

若释罪以利其生，是夺其德，亏其义，非所谓杀身成仁、全死忘生之节。臣谓宜正国之典，寘之以刑，然后旌闾墓可也。”

柳宗元驳曰：“礼之大本，以防乱也。若曰：‘无为贼虐，凡为子者杀无赦。’刑之大本，亦以防乱也。若曰：‘无为贼虐，凡为治者杀无赦。’其本则合，其用则异。旌与诛，不得并也。诛其可旌，兹谓滥，黩刑甚矣；旌其可诛，兹谓僭，坏礼甚矣。若师韫独以私怨，奋吏气，虐非辜，州牧不知罪，刑官不知问，上下蒙冒，吁号不闻。而元庆能处心积虑以冲仇人之胸，介然自克，即死无憾，是守礼而行义也。执事者宜有惭色，将谢之不暇，而又何诛焉？其或父不免于罪，师韫之诛，不愆于法，是非死于吏也，是死于法也。法其可仇乎？仇天子之法，而戕奉法之吏，是悖骜而凌上也。执而诛之，所以正邦典，而又何旌焉？礼之所谓仇者，冤抑沈痛而号无告也，非谓抵罪触法，陷于大戮，而曰彼杀之我乃杀之，不议曲直，暴寡胁弱而已。《春秋传》曰：‘父不受诛，子复仇可也；父受诛，子复仇，此推刃之道。复仇不除害。’今若取此以断两下相杀，则合于礼矣。且夫不忘仇，孝也；不爱死，义也。元庆能不越于礼，服孝死义，是必达理而闻道者也。夫达理闻道之人，岂其以王法为敌仇者哉！议者反以为戮，黩刑坏礼，其不可以为典明矣。请下臣议附于令，有断斯狱者，不宜以前议从事。”

通过上述辩论，可以看出，在礼法社会，孝与仇、孝与法、刑与礼之间，的确是一件难以破解的难题。韩愈也曾对这个难题做出过以下论述：

子复父仇，见于《春秋》《礼记》《周官》，若子史，不胜数，未有非而罪者。最宜详于律，而律无条，非阙文也。盖以为不许复仇，则伤孝子之心；许复仇，则人将倚法颛杀，无以禁止。夫律虽本于圣人，然执而行之者，有司也。经之所明者，制有司者也。丁宁其义于经而深没其文于律者，将使法吏一断于法，而经术之士得引经以议也。

《周官》曰：“凡杀人而义者，令勿仇，仇之则死。”义者，宜也。明杀人而不得其宜者，子得复仇也。此百姓之相仇者也。公羊子曰：“父不受诛，子复仇可也。”不受诛者，罪不当诛也。诛者，上施下之辞，非百姓相杀也。《周官》曰：“凡报仇雠者，书于士，杀之无罪。”言将复仇，必先言于官，则无罪也。

复仇之名虽同，而其事各异。或百姓相仇，如《周官》所称，可议于今者；或为官吏所诛，如《公羊》所称，不可行于今者。《周官》所称，将复仇先告于士，若孤稚羸弱，抱微志而伺敌人之便，恐不能自言，未可以为断于今也。然则杀之与赦不可一，宜定其制曰：“有复父仇者，事发，具其事下尚书省，集议以闻，酌处之。”则经无失指矣。

韩愈其实也没有给出一个很好的答案，只是说“有复父仇者，事发，具其事下尚书省，集议以闻，酌处之”，把最终裁判权归属到尚书省集体裁决，这也是礼法社会所能寻求的最好的折中方法。

何澄粹

何澄粹者，池州人。亲病日锢，俗尚鬼，病者不进药。澄粹刲股肉进，亲疾为瘳。后亲没，伏于墓，哭踊无数，以毁卒，当时号“青阳孝子”，士为作诔甚众。

【注】出自《新唐书·孝友传》。

何澄粹，池州（今安徽省池州市）人。

【评】割股孝亲，兴起于唐代，滥觞于宋元，其中不乏著名文学家的加持，如唐代文学大家柳宗元就为这样的孝行写过《孝门铭》。

据《新唐书·孝友传》记载：

寿州安丰李兴亦有至行，柳宗元为作《孝门铭》，曰：“寿州刺史臣承思言：‘九月丁亥，安丰令上所部编户氓兴，父被恶疾，岁月就亟，兴自刃股肉，假托馈献，父老病已不能啖，宿而死。兴号呼抚膺，口鼻垂血，捧土就坟，沾渍涕洟。坟左作小庐，蒙以苫茨，伏匿其中，扶服顿踊，昼夜哭诉。孝诚幽达，神为见异，庐上产紫芝、白芝，庐中醴泉涌。此皆陛下孝治神化，阴中其心，而克致斯事。谨按兴匹庶贱陋，循习浅下，性非文字所导，生与耨耒为业，而能钟彼醇孝，超出古烈，天意神道，犹锡瑞物以表殊异。伏惟陛下有唐尧如神之德，宜加旌褒，合于上下。请表其里闾，刻石明白，宣延风美，观示后祀，永无极。臣昧死请。’制曰可。铭曰：‘懿厥孝思，兹惟淑灵。禀承粹和，笃守天经。泣侍羸疾，默祷隐冥。引刃自向，残肌败形。羞膳奉进，忧劳孝诚。惟时高高，曾不视听。创巨痛仍，号于穹旻。捧土濡涕，顿首成坟。掐膺腐眦，寒暑在庐。草木悴死，鸟兽踟蹰。殊类异族，亦相其哀。肇有二位，孝道爰兴。克脩厥猷，载籍是登。在帝有虞，以孝烝烝。仲尼述经，以教于曾。惟昔鲁侯，见命夷宫。亦有考叔，寤庄称纯。显显李氏，实与之伦。哀嗟道路，涕慕里邻。神锡秘祉，三秀灵泉。帝命荐加，亦表其门。统一上下，交赞天人。建此碑号，亿龄扬芬。’”

不但，柳宗元作铭赞，也是在象征国家层面的帝王许可之下，光明正大弘扬。

其目的显而易见，“移孝于忠”也。正如北宋欧阳修、宋祁、范镇、吕夏卿等人编撰《新唐书》时所指出的那样：“圣人治天下有道，曰‘要在孝悌而已’。父父也，子子也，兄兄也，弟弟也，推而之国，国而之天下，建一善而百行从，其失则以法绳之。故曰：‘孝者天下大本，法其末也。’至匹夫单人，行孝一概，而凶盗不敢凌，天子喟而旌之者，以其教孝而求忠也。故裒而著于篇。”

但是，一些愚孝行为，不但今人一眼便可辨别，宋元以降，朝廷也在试图禁止这种以“自残”“割股孝亲”方式博取孝名和功名。至于实际效果如何，另当别论。

崔山南祖母唐夫人

唐崔山南曾祖母长孙夫人，年高无齿。祖母唐夫人，每日栉洗升堂，乳其姑。奶不粒食，数年而康。一日玻长幼咸集，乃宣言曰：“无以报新妇恩。愿子孙妇。如妇之孝敬足矣。”

有诗为颂，诗曰：“孝敬崔家妇。乳姑晨盥梳。此恩无以报。愿得子孙如。”

【注】出自《全相二十四孝诗选·乳姑不怠》。

崔山南，名琯，字从律，唐代博陵（今属河北省）人，官至山南西道节度使，人称“山南”。崔山南祖母唐夫人，“二十四孝”人物之一。

【评】在《全相二十四孝诗选》中，这是一篇少有的关于处理、协调婆媳之间关系问题的孝行故事。

第五　宋元篇

宋元篇，主要收集五代十国、宋元时期的人物孝行和孝道故事。唐代以后，中国再度进入短暂的五代十国时期，“以孝治国”受到短暂冲击，诚如欧阳修等人编撰《新五代史》时所言：“世道衰，人伦坏，而亲疏之理反其常，干戈起于骨肉，异类合为父子。”进入宋代以后，“以孝治国”依然是主题；宋亡元兴以来，元代统治者虽也偶尔提倡“孝道”观念，但终归不是主流。

宋元

魏仁浦

魏仁浦字道济，卫州汲人。幼孤贫，母为假黄缣制暑服，仁浦年十三，叹曰：“为人子不克供养，乃使慈母求贷以衣我，我能安乎！”因慷慨泣下。辞母诣洛阳，济河沉衣中流，誓曰：“不贵达，不复渡此！”晋末，隶枢密院为小吏，任职端谨，侪辈不能及。契丹入中原，仁浦随众北迁。会契丹主殂于真定，仁浦得脱归。魏帅杜重威素知仁浦谨厚，善书计，欲留补牙职。仁浦以重威降将，不愿事之，遂遁去。重威遣骑追之，不及。汉祖起太原，次巩县，仁浦迎谒道左，即补旧职。

【注】出自《宋史·魏仁浦传》。

魏仁浦（911—969），字道济，卫州汲县（今河南省卫辉市）人，历任后晋小吏、后周枢密都承旨、中书侍郎、平章事；宋初，进位右仆射。

【评】以孝明志，魏仁浦终得以飞黄腾达。

刘孝忠

刘孝忠，并州太原人。母病经三年，孝忠割股肉、断左乳以食母；母病心痛剧，孝忠然火掌中，代母受痛。母寻愈。后数岁母死，孝忠佣为富家奴，得钱以葬。富家知其孝行，养为己子。后养父两目失明，孝忠为舐之，经七日复能视。以亲故，事佛谨，尝于像前割双股肉，注油创中，然灯一昼夜。刘钧闻而召见，给以衣服、钱帛、银鞍勒马，署宣陵副使。开宝二年，太祖亲征太原，召见慰谕。

【注】出自《宋史·孝义传》。

刘孝忠，并州太原（今山西省太原市）人。

【评】割股、断乳孝亲，宋代比较常见。

如《宋史·吕升传》记载："吕升，莱州人。父权失明，剖腹探肝以救父疾，父复能视而升不死。冀州南宫人王翰，母丧明，翰自抉右目睛补之，母目明如故。淳化中，并下诏赐粟帛。"

如《宋史·庞天祐传》记载："庞天祐，江陵人。以经籍教授里中。父疾，天祐割股肉食之；疾愈，又复病目丧明，天祐号泣祈天舐之。父年八十余，大中祥符四年卒，天祐负土封坟，结庐其侧，昼夜号不绝声。知府陈尧咨亲往致奠，上其事，诏旌表门闾。天祐家无儋石储，居委巷中，尧咨为徙里门之右，筑阙表之。"

如《宋史·成象传》记载："成象，渠州流江人。以诗书训授里中，事父母以孝闻。母病，割股肉食之，诏赐束帛醪酒。淳化中，李顺盗据郡县，象父母惊悸而死，烬骨寄浮图舍，象号泣营葬。贼平，乡里率钱三百万赠之。象庐于墓侧，以衰服襟袂筛土于坟上，日三斗。每恸，闻者戚怆。未尝食肉衣帛，或赠之亦不受。虎豹环庐而卧，象无畏色。燕百余集庐中，禾生墓侧吐九穗。服终犹未还家，知礼者为书以谕之，遂归教授，远近目为成孝子。"

如《宋史·常真传》记载："常真，陈州项城人。父母死，庐墓终丧，负土成坟，不茹荤血。周广顺中，诏旌其门闾。开宝七年，本州以闻，诏再加旌表。真妻病，子晏割股肉以养母，及死，次子守规徒跣，日一食，庐墓三年。太平兴国八年，诏旌表之。"

如《宋史·杨庆传》记载："杨庆，鄞人。父病，贫不能召医，乃封股肉啖之，良已。其后母病不能食，庆取右乳焚之，以灰和药进焉，入口遂差，久之乳复生。宣和三年，守楼异名其坊曰'崇孝'。绍兴七年，守仇愈为之请。十二年，诏表其门，复之。愈曰：‘韩退之（韩愈）作《鄠人对》，以毁伤支体为害义。而匹夫单人，身膏草莽，轨训之理未宏，汲引之徒多阙，而乃行成于内，情发自天。使稍知诗书礼义之说，推其所存，出身事主，临难伏节死义，岂减介之推、安金藏哉！’”

如《宋史·张伯威传》记载：“张伯威，大安军人。武翼大夫、御前前军正将祥之子。绍熙元年，武举进士。调神泉尉。大母黄，年九十八，不忍之官。黄得血痢疾濒殆，伯威刲左臂肉食之，遂愈。继母杨因姑病笃，惊而成疾，伯威复刲臂肉作粥以进，其疾亦愈。伯威妹嫁崔均，其姑王疾，妹亦刲左臂肉作粥以进，达旦即愈。知大安军罗植即伯威所居立纯孝坊，崔均所居立孝妇坊。事闻，诏伯威与升擢，倍赐其妹束帛。”

这样“割股”“断乳”“自残”的方式，屡见《宋史》。各地方官员，也基本按照“孝行”进行表彰。有些地方官员遇到这样的孝行，也似乎有难言之隐。如《宋史·陈宗传》记载：“陈宗，永嘉人。年十六，母蔡病笃，刲股为饵，病愈。已而复病不救，宗一恸而绝。郡守陆德舆云：‘陈宗自毁其体，哀恸伤生，虽非孝道之正，而能为人所难为之事，亦天性之至。’官为合葬，榜曰‘陈孝子墓’。”郡守陆德舆虽然判言此“非孝道之正”，但最终还是给予“孝行”美名，并立“陈孝子墓”。

事实上，这样的做法也间接鼓励了“非孝道之正”

的事情频繁发生，或许由于过多的旌表和功利主义干预了民间孝风，只有通过非常规的孝行手段，才能挤进受到朝廷旌表的行列。

大体上而言，宋代以降，民间孝风局部存在着病态现象。

胡仲尧

胡仲尧，洪州奉新人。累世聚居，至数百口。构学舍于华林山别墅，聚书万卷，大设厨廪，以延四方游学之士。南唐李煜时尝授寺丞。雍熙二年，诏旌其门闾。仲尧诣阙谢恩，赐白金器二百两。淳化中，州境旱歉，仲尧发廪减市直以振饥民，又以私财造南津桥。太宗嘉之，除本州助教，许每岁以香稻时果贡于内东门。五年，遣弟仲容来贺寿宁节。召见仲容，特授试校书郎，赐袍笏犀带，又以御书赐之。公卿多赋诗称美。仲尧稍迁国子监主簿，致仕，卒。

【注】出自《宋史·孝义传》。

胡仲尧，字光辅，洪州奉新（今江西省奉新县）人，南唐时为寺丞；入宋后，任洪州助教，迁国子监主簿。大建华林书院，集书万卷，一时云游者盛数千人。奉新华林胡氏，最终成为世家大族。

【评】累世聚居的世家大族，成为民间社会稳定和谐、民众安居乐业的最重要的自治手段。因此，朝廷对于累世聚居的家族一再旌表，希望这种模式能在民间自发复制，最终达到国泰民安的目的。

在《宋史·孝义传》中，受到表彰的累世聚居的家族不在少数。比如池州青阳人方纲，八世同爨，家属七百口，居室六百区，每旦鸣鼓会食，景德二年，转运使冯亮以闻，诏旌其门；江州德化人许祚，八世同居，长幼七百八十一口，太平兴国七年，旌其门闾；信州李琳十五世同居；贝州田祚、京兆惠从顺十世同居；庐州赵广、顺安军郑彦圭、信州俞隽八世同居；陕州张文裕六世同居；襄州张巨源、刘芳，潭州瞿景鸿，温州陈侃，江陵褚彦逢五世同居；徐州彭程四世同居；咸平（宋真宗年号）后，又有保定军孙浦、襄州常元绍、蔡州王美、解州董孝章并十世同居；莫州高珪、永定军朱仁贵、潞州邢濬、相州赵祚八世同居；麟州杨荣、隰州赵友、开封李居正、颍州张可象、卫州张珪、沧州崔谅七世同居；邢州王觉、赵州曹遵六世同居；兖州童升、陈州樊可行、京兆元守全、平定军段德五世同居；开封张仁遇、亳州王子上、建昌军瞿肃四世同居；肃家百五十口，长幼孝悌，乡人化之；又河阴王世及、大名李宗祐、陈州刘闰、宣州汪政、潭州李耕，或聚居至七百口，累数十百年，并所在请加旌表，诏从之。

不但旌表门闾，还伴随着物质奖励，譬如赐粟帛、赐官职等。

又如《宋史·孝义传》记载：“昉家十三世同居，长幼七百口，不畜仆妾，上下姻睦，人无间言。每食，必群坐广堂，未成人者别为一席。有犬百余，亦置一槽共食，一犬不至，群犬亦皆不食。建书楼于别墅，延四方之士，肄业者多依焉。乡里率化，争讼稀少。开宝初，平江南，知州张齐上请仍旧免其徭役，从之。昉弟之子鸿。太平兴国七年，江南转运使张齐贤又奏免杂科。兢即鸿之弟。淳化元年，知州康戬又上言兢家常苦食不足，诏本州每岁贷粟二千石。”累世聚居的家族，俨然成为一个小型社会，不但形成经济闭环，还能带动周边发展。遇到时局艰难、灾害时，朝廷还能贷粮补贴、免徭役、免杂科等。

正是通过这样持续不断大范围地旌表，使得民间实现自治，最终换来了民风淳朴、国泰民安的稳定局面。诚如元代脱脱修撰《宋史》时所言：“太祖、太宗以来，子有复父仇而杀人者，壮而释之；刲股割肝，咸见褒赏；至于数世同居，辄复其家。一百余年，孝义所感，醴泉、甘露、芝草、异木之瑞，史不绝书，宋之教化有足观者矣。”

黄庭坚

宋黄庭坚，号山谷，元祐中为太史，性至孝。身体贵显，奉母尽诚。每夕，亲自为洗涤溺器，未曾有一刻不供人子之职。

有诗为颂，诗曰：“贵显闻天下，平生事孝亲。不辞常涤溺，焉用婢生嗔。”

【注】出自《全相二十四孝诗选·涤亲溺器》。

黄庭坚（1045—1105），字鲁直，号山谷道人、涪翁，洪州分宁（今江西省九江市修水县）人，北宋著名文学家、书法家、江西诗派开山之祖。与杜甫、陈师道和陈与义素有江西诗派“一祖三宗”（黄庭坚为其中一宗）之称；与张耒、晁补之、秦观都游学于苏轼门下，合称为“苏门四学士”；生前与苏轼齐名，世称“苏黄”；书法独树一格，为“宋四家”之一。

【评】作为文人雅士又官居高位的黄庭坚“涤亲溺器”孝行，受到世人激赏。王应照评说：“溺器之涤，自有婢妾为之。惟孝子不以官职之显，失其子职之常。溺器且为亲涤之，其他子职，尚有不尽者乎？”清朝嘉庆年间进士、也是孝子的李文耕亦言：“山谷所为，仿佛石建。皆乐供子职，不以贵显闲其心者也。”

杜谊

杜谊，字汉臣，台州黄岩人。事父母至孝。父刚严，谊独失爱，惴惴不自容，伺颜色而后进。继丧父母，号恸昼夜不绝，勺水不入口者累日。卜葬，徒跣负土为坟，往来十余里，日渡塘涧，泥水没骭，虽大雨雪未尝少止。手足皲裂血流，以漆涂之。每覆一畚，必三绕坟号而后去。既葬，遂茇舍墓旁，负土终丧，人往视之，辄遣去。日一饭，不荤。虽虎狼交于墓侧，谊泰然无所畏。明年，吴越大水，山皆发洚，推巨石走十数里。台州山最高而水又夜至，旁山之民，居庐、墓田、畜牧漂坏者甚众，而独不及谊。邑人状其事以闻，诏书嘉奖。

事族父衎甚谨，衎爱之均诸子。以祖垂象荫入官，至赞善大夫。尝知永城县，岁捐奉钱三十万，以收瘗汴渠之溺死者凡四十余。又出奉钱率其下新文宣王庙，两旁为学舍数十区，旦夕讲学于其堂。永城父老称谊之政为不可及。

谊生平敦厚，尚信义，有大志，家贫，不恤有无，常推以济亲友。后通判梓州，卒。子撙才十六岁，哭谊墓旁卒。

【注】出自《宋史·孝义传》。

杜谊，台州黄岩（今浙江省台州市）人，以祖荫入官，初知永城县，后通判梓州。

【评】古代孝行人物，凡为官者，皆清廉有为，杜谊即是这方面的例子。在其知永城县时，颇有作为，出俸钱修新孔子庙，建学舍凡数十区，且旦夕亲授讲学，为当地父老所称赞：“（杜）谊之政为不可及。”

萧道寿

萧道寿，京兆兴平人。家贫，鬻馋以自给。母年八十余，道寿事养尽礼。每旦，候母起，夫妇亲侍盥栉。日三饭，必待母食，然后退就食。至夕，必待母寝，然后退就寝。出外必以告，母许乃敢出。母或怒，欲罚之，道寿自进杖，伏地以受。杖足，母命起，乃起。起复再拜，谢违教，拱立左右，俟色喜乃退。母尝有疾，医累岁不能疗，道寿割股肉啖之而愈。至元八年，赐羊酒，表其门。

【注】出自《元史·孝友传》。

萧道寿，京兆兴平（今陕西省兴平市）人。

【评】元代虽然不以“以孝治国”理念为主导思想，但是，民间孝道风气依然承继唐宋以来的兴盛。

参与编撰《元史》的宋濂、王袆等人也在总题中就曾说道：“元有天下，其教化未必古若也，而民以孝义闻者，盖不乏焉。岂非天理民彝之存于人心者，终不可泯欤！”这也是中国传统文化魅力的彰显与传承所在。

面对孝行，元代朝廷也并非不作为，而是“天子皆尝表其门闾，或复其家。故援《唐史》之例，具列姓名于篇端。择其事迹尤彰著者，复别为之传云（见《元史·孝友传》）”等，不但旌表门闾，还要载入史册，永世流传。

萧道寿便是其中“事迹尤彰著者”，既被“赐羊酒，表其门”，又被收入《元史·孝友传》中，详述其孝行事迹。

王闰

王闰，东平须城人。父素多资，既老，尽废之，不甘淡薄，每食必需鱼肉，闰朝夕勤苦入市，营奉无阙。父性复乖戾，闰左右承顺，甚得其欢心，乡里称焉。父尝卧疾，夜燃长明灯室中，火延篱壁间。闰闻火声，惊起驰救，火已炽，烟焰蔽寝户。闰突入火中，解衣蒙父，抱而出，肌体灼烂，而父无少伤。一女不能救，遂焚死。中统二年，复其役。

【注】出自《元史·孝友传》。

王闰，东平须城（今山东省东平县）人。

【评】面对无情的灾难，只能救一个的话，救父还是救女，这当然是个千年难题。王闰就面临了这样的抉择，最终，王闰选择了救父，而舍弃了女儿的生命，他也因此获得孝行模范的荣誉，还被写进了《元史》。

王闰的选择，对于今天而言，犹有值得讨论的价值。

当今社会，亲伦代际关系，已经发生逆转，代际关系重心开始向下转移，一代复一代，逐渐向子女方向倾斜，表现为“养老不足，爱子有余”，或者表现为现在民间所谓的“啃老”现象。据一项社区居民调查显示：21.4%的子辈表示“虽然成家独立，但仍需长辈照顾”；25.5%的子辈表示“工作生活压力大，希望长辈力所能及分担一些”，二者相加占比达46.9%。同时，28.9%的被调查者表示“长辈会帮助子辈照料孙辈”；15.6%的被调查者表示“长辈经常来家中料理家务”。

相反，传统代际关系重心向上转移的通道被堵死，孝的色彩在日渐弱化，敬亲、尊亲、孝亲、养亲在弱化。造成这一局面的因素很多，其中，传统家庭模式的瓦解动摇了传统孝道的根基为主要因素。

回到话题的开端，假设：现代人遇到了像王闰面临的“救父还是救女”问题，该如何做？这个问题，恐怕没有人能够给出确切答案。

郭道卿

郭道卿，兴化莆田人。四世祖义重至孝，宋绍兴间有诏旌之，乡里为立孝子祠。至元初内附。闽盗起，居人窜匿，道卿与弟佐卿独守孝子祠不忍去，遂俱被执。盗将杀佐卿，道卿泣告曰："吾有儿已长，弟弱子幼，请代弟死。"佐卿亦泣告曰："吾家事赖兄以理，请杀我。"道卿固引颈请刃。盗相顾曰："汝孝门兄弟若此，吾何忍害？"两释之。

道卿年八十，子廷炜为建宁路平准行用库使，辞归侍养。道卿尝病疝，危甚，廷炜忧瘁扶护，一夕发尽白。有司言状，旌之。

【注】出自《元史·孝友传》。

郭道卿，兴化莆田（今福建省莆田市）人，生于孝义之家，四世重孝义。

【评】郭道卿以"有儿已长，弟弱子幼"为由，"请代弟死"；郭道卿之弟郭佐卿以"家事赖兄以理（打理）"

为由，“请杀我”。两兄弟表现出了儒家的“兄良弟悌”之道，由此“孝悌”之举，感化了盗贼：“汝孝门兄弟若此，吾何忍害？”于是两兄弟获释。

当然两兄弟的孝义之举，上承家风——四世祖义重至孝，得到旌表；下启家族子弟孝风蔚然——薛廷炜辞归侍养80岁的父亲；薛道卿病入膏肓之际，薛廷炜忧瘁扶护，一夕发尽白。

在国人眼里，常论“书香世家”，事实上“孝义世家”也不遑多让。即便在元代那样一个不太重视“以孝治国”的情况下，仅《元史·孝友传》所列孝行人数也多达165人，与唐宋两代包括新旧《唐书》《宋史》所收孝行人数之总和旗鼓相当。足见“孝义传家”，自唐宋以来，以特有的文化特质和惯性，直线上升，这也是中华文明和传统文化具有持久生命力与光芒所在。

赵一德

赵一德，龙兴新建人。至元十二年，国兵南伐，被俘至燕，为郑留守家奴。历事三世，号忠干。至大元年，一日，拜请于其主郑阿思兰及其母泽国太夫人曰：“一德自去父母，得全生依门下者，三十余年矣，故乡万里，未获归省，虽思慕刻骨，未尝敢言。今父母已老，脱有不幸，则永为天地间罪人矣。”因伏地涕泣，不能起。阿思兰母子皆感动，许之归，期一岁而返。一德至家，父兄已没，惟母在，年八十余。一德卜地葬二柩毕，欲少留事母，惧得罪，如期还燕。阿思兰母子叹曰：“彼贱隶，乃能是，吾可不成其孝乎！”即裂券纵为良。一德将辞归，会阿思兰以冤被诛，诏簿录其家。群奴各亡去，一德独奋曰：“主家有祸，吾忍同路人耶！”即留不去，与张锦童诣中书，诉枉状，得昭雪，还其所籍。太夫人劳一德曰：“当吏籍吾家时，亲戚不相顾，汝独冒险以白吾枉，疾风劲草，于汝见之。今吾家业既丧而复存者，皆汝力也，吾何以报汝？”因分美田庐遗之。一德谢曰：“一德虽鄙人，非有利于是也。重哀吾主无罪而受戮，故留以报主。今老母八十余，得归侍养，主之赐已厚矣，何以田庐为！”

遂不受而去。皇庆元年，旌其门。

【注】出自《元史·孝友传》。

赵一德，汉族，龙兴新建（今江西省新建）人。赵一德被俘，委身于元朝大将阿思兰家为奴隶，却知恩图报，奋力救主清白，诚如斯言“一德虽鄙人，非有利于是也”，遂返乡侍母。孝义与气节油然而生矣。

【评】赵一德对于孝义与气节的践行，见证了华夏民族文化的开放包容、兼收并蓄的一面，并推动了民族文化的融合，这也是经过历史一再检验的真理。

郑文嗣

郑文嗣，婺州浦江人。其家十世同居，凡二百四十余年，一钱尺帛无敢私。至大间表其门。

文嗣殁，从弟大和继主家事，益严而有恩，家庭中凛如公府，子弟稍有过，颁白者犹鞭之。每遇岁时，大和坐堂上，群从子皆盛衣冠，雁行立左序下，以次进。拜跪奉觞上寿毕，皆肃容拱手，自右趋出，足武相衔，无敢参差者。见者嗟慕，谓有三代遗风。状闻，复其家。部使者余阙为书“东浙第一家”以褒之。大和方正，不奉浮屠、老子教，冠昏丧葬，必稽朱熹《家礼》而行执。亲丧，哀甚，三年不御酒肉，子孙从化，皆孝谨。虽尝仕宦，不敢一毫有违家法。诸妇唯事女工，不使预家政。宗族里闾，皆怀之以恩。家畜两马，一出，则一为之不食，人以为孝义所感。有《家范》三卷，传于世。

【注】出自《元史·孝友传》。

郑文嗣，婺州浦江（今浙江省浦江县）人。郑氏家族自北宋崇和元年（1118 年）至明天顺三年（1459 年）

期间，在浦江县郑宅镇累世同居历时340余年，以孝义治家闻名于世，史称“郑义门”，又称“江南第一家”。

经郑氏历代族人之手创建了一套完整、系统且多达168条行为规范的《郑氏家范》，涵盖家政管理、家法秩序、生活生产、冠婚丧祭、子孙教育等，其中家政管理方面，分为18种职务，由26人组成完善的管理架构与组织，实现了经济闭环与家族（民间）自治。成为提高传统农业生产效率、促进家族（民间）稳定和睦的典范。家族（民间）以儒家伦理道德自治与国家“以孝治国”形成协同发展，消解了政府官员特别是地方政府官员与个体之间的正面冲突或对立关系。

【评】元代朝廷，多次旌表郑文嗣家族，既是对郑氏家族以“孝义传家”的肯定，也是对儒家文化的认同。

魏敬益

魏敬益，字士友，雄州容城人。性至孝，居母丧，哀毁骨立。素好施与，有男女失时者，出赀财为之嫁娶；岁凶，老弱之饥者，为糜以食之。敬益有田仅十六顷，一日语其子曰："自吾买四庄村之田十顷，环其村之民皆不能自给，吾深悯焉。今将以田归其人，汝谨守余田，可无馁也。"乃呼四庄村民谕之曰："吾买若等业，使若等贫不聊生，有亲无以养，吾之不仁甚矣，请以田归若等。"众闻，皆愕眙不敢受，强与之，乃受而言诸有司。有司以闻于中书，请加旌表。丞相贺太平叹曰："世乃有斯人哉！"

【注】出自《元史·孝友传》。

魏敬益，雄州容城（今河北省容城县）人。

【评】孝之大者，达于社会。推己及人，所谓"故人不独亲其亲，不独子其子，使老有所终，壮有所用，幼有所长，鳏寡孤独废疾者皆有所养。男有分，女有归"。

刘思敬

刘思敬，延安宜君人。事其继母沙氏、杜氏，孝养之至，无异亲母。父年八十，两目俱丧明，会乱兵剽掠其乡，思敬负父避于岩穴中。有兵至，欲杀思敬，思敬泣言曰:“我父老矣，又无目，我死不足惜，使我父何依乎？”兵怜其孝，不忍杀，父子皆免于难。

【注】出自《元史·孝友传》。

刘思敬，延安宜君（今陕西省宜君县）人。

【评】刘思敬因孝行感于乱兵，父子得免于难，是战争动乱年代、兵戎相见之下的偶然性事件。如《元史·孝友传》记载：“石永，绍兴新昌人。性淳厚，事亲至孝。值乱兵掠乡里，永父谦孙年八十，老不能行，永负父匿山谷中。乱兵执其父，欲杀之，永亟前抱父请以身代，兵遂杀永而释其父。”乱兵的确成全了石永的孝行之名。

第六　明清篇

明清篇，主要收集明清时期的人物孝行和孝道故事。《明史·孝义传》总题说：“孝弟之行，虽曰天性，岂不赖有教化哉！”明清以来，“以孝治国”重新走向主流思想形态。朝廷力倡，民间力行，民间孝道风气有可观之处焉！史书所录孝行人物之数，倍于前代。

明清

郑濂

郑濂，字仲德，浦江人。其家累世同居，几三百年。七世祖绮载《宋史·孝义传》。六传至文嗣，旌为义门，载《元史·孝友传》。弟文融，字太和，部使者余阙表为东浙第一家。郑氏家法，代以一人主家政。文融卒，嗣子钦继之，尝刺血疗本生父疾。钦卒，弟钜继。钜卒，弟铭当主家政，以兄子渭宗子也，相让久之，始受事。铭受业于吴莱。铭卒，弟铉继。父丧，恸哭三日，发须尽白。元末兵起，大将数入其境，相戒无犯义门。枢密判官阿鲁灰军夺民财，铉以利害折之，引去。明兵临婺州，铉挈家避，右丞李文忠为扃钥其家，而遣兵护之归。至正中卒，渭继。渭卒，弟濂继。

濂受知于太祖，昆弟由是显。濂以赋长诣京师，太祖问治家长久之道。对曰："谨守祖训，不听妇言。"帝称善，赐之果，濂拜赐怀归，剖分家人。帝闻嘉叹，欲官之，以老辞。时富室多以罪倾宗，而郑氏数千指独完。会胡惟庸以罪诛，有诉郑氏交通者，吏捕之，兄弟六人争欲行，濂弟湜竟往。时濂在京师，迎谓曰："吾居长，当任罪。"湜曰："兄年老，吾自往辨。"二人争入狱。

太祖召见曰："有人如此，肯从人为逆耶？"宥之，立擢湜为左参议，命举所知。湜举同郡王应等五人，皆授参议。湜，字仲持，居官有政声。南靖民为乱，诖误者数百家，湜言于诸将，尽释免。居一岁，入觐，卒于京。

十九年，濂坐事当逮，从弟洧曰："吾家称义门，先世有兄代弟死者，吾可不代兄死乎？"诣吏自诬服，斩于市。洧，字仲宗，受业于宋濂，有学行，乡人哀之，私谥贞义处士。

濂卒，弟渶继。二十六年，东宫缺官，命廷臣举孝弟敦行者，众以郑氏对。太祖曰："其里王氏亦仿郑氏家法。"乃徵两家子弟年三十上者，悉赴京，擢濂弟济与王{勤心}为春坊左、右庶子。后又徵濂弟沂，自白衣擢礼部尚书，年余，致仕。永乐元年入朝，留为故官。未几，复谢去。濂从子干官御史，棠官检讨。他得官者复数人，郑氏愈显。济、棠皆学于宋濂，有文行。

初，渶尝仕元为浙江行省宣使，主家政数年。建文帝表其门，渶朝谢，御书"孝义家"三字赐之。燕兵既入，有告建文帝匿其家者，遣人索之。渶家厅事中，列十大柜，五贮经史，五贮兵器备不虞。使者至，所发皆经史，置其半不启，乃免于祸，人以为至行所感云。成化十年，有司奏郑永朝世敦行义，复旌以孝义之门。

自文融至渶，皆以笃行著。文融著《家范》三卷，凡五十八则，子钦增七十则，从子铉又增九十二则，至濂弟涛与从弟泳、澳、湜，白于兄濂、源，共相损益，定为一百六十八则，刊行焉。

【注】出自《明史·孝义传》。

郑濂，婺州浦江（今浙江省浦江县）人，郑文嗣之后。

【评】《明史·孝义传》开篇首列累世同居的“江南第一家”的郑氏家族，是对这种“以孝治家”利于民间社会稳定和睦的自治形式的肯定。

众所周知，明朝是中国资本主义萌芽时期，显然，以家族自治方式完成经济闭环的小农经济形式，已经不适合社会发展、经济发展需求了。虽然“以孝治家”一定程度上缓解了民间治理难度、推动了小农经济短期的发展，有利于统治阶级的利益，但是，终归这种以传统家庭模式为主导的经济闭环形态有其时代局限性和致命的缺陷。

这种自给自足、否定外部经济力量干预的经济思维，至清代达到巅峰。也许，正是这一经济思维阻碍了近代中国走向经济强国的发展步伐。

王澄

王澄，字德辉，亦浦江人。岁俭，出粟贷人，不取其息。有鬻产者，必增直以足之。慕义门郑氏风，将终，集子孙诲之曰："汝曹能合食同居如郑氏，吾死目瞑矣。"子孙咸拜受教。澄生三子子觉、子麟、子伟，克承父志。子觉生应，即为郑湜所举擢参议者。子伟生懃，即与郑济并擢庶子者。义门王氏之名，遂埒郑氏。

【注】出自《明史·孝义传》。

王澄，浦江（今浙江省浦江县）人。

【评】郑濂家族"以孝治家"累世同居模式，受到同乡王澄模仿，足见当时民间社会对这种家族自治、自给自足的经济闭环模式的接受与认可。

丘铎

丘铎，字文振，祥符人。元末，父为湖广儒学提举。值兵乱，铎奉父母播迁，卖药供甘旨。母卒，哀恸几绝。葬鸣凤山，结庐墓侧，朝夕上食如生时。当寒夜月黑，悲风萧瑟，铎辄绕墓号曰：“儿在斯！儿在斯！”山深多虎，闻铎哭声避去。时称真孝子。铎初避寇庆元，从祖父母居故乡者八人，贫不能自存，铎悉迎养之。有姑年十八，夫亡守节，铎养之终身。

【注】出自《明史·孝义传》。

丘铎，祥符（今河南省开封市）人。

【评】晋代杨香“扼虎救父”之后，以孝行感动老虎，屡见此后诸正史记载，其真孝行与朝廷旌表的背后利益有多大干系，值得深思。

沈德四

沈德四，直隶华亭人。祖母疾，刲股疗之愈。已而祖父疾，又刲肝作汤进之，亦愈。洪武二十六年被旌。寻授太常赞礼郎。上元姚金玉、昌平王德儿亦以刲肝愈母疾，与德四同旌。

【注】出自《明史·孝义传》。

沈德四，直隶华亭（今上海市）人。

【评】沈德四的刲股疗亲、刲肝养亲与前代以“自残”的孝行方式如出一辙。这种愚孝风气，在民间依然不减，且有愈演愈烈的趋势，明朝时期达到了巅峰，并引起了上报旌表的地方官员与朝廷礼臣的关注与讨论。

据《明史·孝义传》记载，洪武二十七年（1394年）九月，山东守臣言：“日照民江伯儿，母疾，割肋肉以疗，不愈。祷岱岳神，母疾瘳，愿杀子以祀。已果瘳，竟杀其三岁儿。”朱元璋大怒曰：“父子天伦至重。《礼》父服长子三年。今小民无知，灭伦害理，亟宜治罪。”

遂逮江伯儿，仗刑一百，遣戍海南。

之后，朱元璋并诏令礼官重新审议旌表条例。彼时，有礼臣奏议：“人子事亲，居则致其敬，养则致其乐，有疾则医药吁祷，迫切之情，人子所得为也。至卧冰割股，上古未闻。倘父母止有一子，或割肝而丧生，或卧冰而致死，使父母无依，宗祀永绝，反为不孝之大。皆由愚昧之徒，尚诡异，骇愚俗，希旌表，规避里徭。割股不已，至于割肝，割肝不已，至于杀子。违道伤生，莫此为甚。自今父母有疾，疗治罔功，不得已而卧冰割股，亦听其所为，不在旌表例。”

朱元璋认可了礼臣的奏议，制曰：“可。”意思是就按照礼臣的奏议这样执行吧。

执行效果如何？由于并没有严格的旌表条例约束，地方官员在申报旌表孝行时，也便有了自由裁量权。到永乐年间，江阴卫卒徐佛保等人，便以割股孝亲被旌表；嘉靖四年，全州诸生唐俨因“潜割臂肉”进于父，而得到旌表，等等。而有些地方官员还是恪守“听其所为，不在旌表例”不成文规定，不予旌表。

权谨

权谨，字仲常，徐州人。十岁丧父，即哀毁，奉母至孝。永乐四年荐授乐安知县，迁光禄署丞，以省侍归。母年九十终，庐墓三年，致泉涌兔驯之异。有司以闻，仁宗命驰驿赴阙，出其事状，令侍臣朗诵大廷，以示百僚，即拜文华殿大学士。谨辞，帝曰："朕擢卿以风天下为子者，他非卿责也。"寻扈从皇太子监国南京。宣宗嗣位，以疾乞归，改通政司右参议，赐白金文绮致仕。子伦，举永乐中乡试。养亲二十年，亲终不仕。伦子宇，父母卒，皆庐墓。成化十二年亦获旌。

【注】出自《明史·孝义传》。

权谨，徐州（今江苏省徐州市）人。

【评】由于"江伯儿杀子"尽孝事件的影响，地方官员在申报旌表孝行人物时，为了减少不必要的麻烦，开始转向常态的孝行。诚如《明史·孝义传》所载，自明英宗、明景宗以来，"割股者亦格于例，不以闻，而所旌，大率皆庐墓者矣”，意思是遵循朱元璋时期定下的旌表条例，对于“割股”等自残的孝行，不干预，不过问，不旌表，而所旌表者，大抵是一些“庐墓（守墓）”的常规孝行。

权谨入旌表之列，便是恪守儒家孝道所倡导的孝亲、三年之丧（守墓三年）等。

麹祥

麹祥，字景德，永平人。永乐中，父亮为金山卫百户。祥年十四，被倭掠。国王知为中国人，召侍左右，改名元贵，遂仕其国，有妻子，然心未尝一日忘中国也，屡讽王入贡。宣德中，与使臣偕来，上疏言："臣夙遭俘掠，抱衅痛心，流离困顿，艰苦万状。今获生还中国，夫岂由人。伏乞赐归侍养，不胜至愿。"天子方怀柔远人，不从其请，但许给驿暂归，仍还本国。祥抵家，独其母在，不能识，曰："果吾儿，则耳阴有赤痣。"验之信，抱持痛哭。未几别去，至日本，启以帝意。国王允之，仍令入贡。祥乃复申前请，诏许袭职归养。母子相失二十年，又有华夷之限，竟得遂其初志，闻者异之。

【注】出自《明史·孝义传》。

麹祥，永平（今云南省永平县）人。

【评】麹祥之行为，既体现了孝，也体现了华夏民族讲究落叶归根、回顾故里的民族文化认同感。

史五常

史五常，内黄人。父萱，官广东佥事。卒，葬南海和光寺侧。五常方七岁，母携以归。比长，奉母至孝，常恨父不得归葬。母语之曰："尔父杉木榇内，置大钱十，尔谨志之。"母殁，庐墓致毁，既终丧，往迎父榇。时相去已五十年，寺没于水久矣。五常泣祷，有老人以杖指示寺址。发地，果得父榇，内置钱如母言，乃扶归，与母合葬，复庐墓侧。正统六年旌表。

【注】出自《明史·孝义传》。

史五常，内黄（今河南省内黄县）人。

【评】史五常"往迎父榇"，使父"归葬故土"，是中国传统丧葬文化的主要特征，也是儒家孝道观念的重要一环。

谢用

谢用，字希中，祁门人。父永贞。生母马氏方妊，永贞客外，嫡母汪氏妒而嫁之，遂生用。永贞还，大恨，抱用归，寄乳邻媪。汪氏收而自鞠之，逾年亦生子，均爱无厚薄。用既冠，始知所生。密访之，则又改适，不知其所矣。用遍觅几一载。一夕宿休宁农家，有寡妪出问曰："若为谁？"用告以姓名，及寻母之故。曰："若母为谁？"曰："马氏。"曰："若非永贞之子乎？"曰："然。"媪遂抱用曰："我即汝母也。"于是母子相持而哭，时弘治十五年四月也。用归告父，并其同母弟迎归，居别室。孝养二母，曲尽其诚。

后汪感悔，令迎马同居，讫无间言。永贞卒，用居丧以孝闻。邻人失火，延数十家，将至用舍，风反火息。用时为诸生，督学御史廉其孝，列之德行优等，月廪之。

【注】出自《明史·孝义传》。

谢用，祁门（今安徽省祁门县）人，嫡母汪氏为其父谢永贞妻，生母马氏为谢永贞妾。

【评】传统一夫多妻制下，孝子不易，谢用能用赤诚之心，孝养嫡母和生母，终感化嫡母汪氏，有一个家庭大团圆的结局，实属难得。

事实上，在《明史·孝义传》中，谢用并非孤例。据《明史·丘绪传》记载：

丘绪，字继先，生母黄，为嫡余所逐，适江东包氏。未几转适他所，遂不复相闻。绪年十五，父殁，事余至孝。余疾，谨奉汤药，不解衣带者数月。余重感其孝，病革，与诀曰："我即死，汝无忘若母。"时母被逐已二十年矣。一夕，梦人告曰："若母在台州金鳌寺前。"觉而识之。次日，与一人憩于途，诘之，则包氏故养马厮也。叩以母所向，曰："有周平者曾悉其事，今已戍京卫矣。"绪姊婿谒选在京，遗书嘱访平，久之未得。一日，有避雨于邸门者，其声类鄞人，叩之，即周平也，言黄已适台州李副使子。绪得报，即之台，而李已殁，其嗣子漫不知前事。绪彷徨掩泣于道，有伤之者，导谒老媒妁王四，曰已再适仙居吴义官。吴，仙居巨族也。绪至，历瞷数十家，无所遇。已而抵一儒生吴秉朗家，语之故。生感其意，留止焉。有叔母闻所留者异乡人也，恚而咻之。生告以绪意。叔母者，黄故主母也，颇忆前事，然不详所往。呼旧苍头问之，云金鳌寺前，去岁经之，棺已殡寺旁矣。绪以其言与梦合，信之，行且泣，牛触之坠于沟，则舆夫马长之门也。骇而出，问所从来。绪以情告。长曰："吾前舆一妇至缙云苍岭下，殆是也。”舆绪至其处。绪遍物色，无所遇，依依行委巷中。一媪立门外，探之，知为鄞人，告以所从来。妪亦转询丘氏耗，则绪母也。抱持而哭，闾里皆感动。寺旁棺者，盖其姒氏云。所适陈翁，贫而无子，且多负。绪还取金偿之，并迎翁以归，备极孝养。嘉靖十四年，知县赵民顺入觐，疏闻于朝，获旌表。

丘绪和谢用所面对的都是一样的难题，但都以孝之名，解决了这一难题。这对现代社会而言，在处理家庭内部伦理关系时，仍有意义。

王原

王原，文安人。正德中，父珣以家贫役重逃去。原稍长，问父所在。母告以故，原大悲恸。乃设肆于邑治之衢，治酒食舍诸行旅。遇远方客至，则告以父姓名、年貌，冀得父踪迹。久之无所得。既娶妇月余，跪告母曰："儿将寻父。"母泣曰："汝父去二十余载，存亡不可知。且若父氓耳，流落何所，谁知名者？无为父子相继作羁鬼，使我无依。"原痛哭曰："幸有妇陪母，母无以儿为念，儿不得父不归也。"号泣辞母去，遍历山东南北，去来者数年。

一日，渡海至田横岛，假寐神祠中，梦至一寺，当午，炊莎和肉羹食之。一老父至，惊觉。原告之梦，请占之。老父曰："若何为者？"曰："寻父。"老父曰："午者，正南位也。莎根附子，肉和之，附子脍也。求诸南方，父子其会乎？"原喜，谢去，而南踰洺、漳，至辉县带山，有寺曰梦觉，原心动。天雨雪，寒甚，卧寺门外。及曙，一僧启门出，骇曰："汝何人？"曰："文安人，寻父而来。"曰："识之乎？"曰："不识也。"引入禅堂，怜而予之粥。珣方执爨灶下，僧素知为文安人，谓之曰："若同里有少年来寻父者，若倘识其人。”珣出见原，皆不相识，问其父姓名，则王珣也。珣亦呼原乳名。相抱持恸哭，寺僧莫不感动。珣曰：“归告汝母，我无颜复归故乡矣。”原曰：“父不归，儿有死耳。”牵衣哭不止。寺僧力劝之，父子相持归，夫妻子母复聚。后原子孙多仕宦者。

【注】出自《明史·孝义传》。

王原，文安（今河北省文安县）人。

【评】“父慈子孝”是儒家一再倡导的孝道观念，但王原以“父不慈，子也孝”的理念，终使“夫妻子母”团聚，并为家族树立了良好的家风。所以，其后人子孙“多仕宦者”，并非书写文本的狗尾续貂，而是另有深意。

张清雅

张清雅，潜山人。家贫，力学养亲。崇祯十年，张献忠来犯。清雅以父年老卧病，守之不去。无何，父卒。敛甫毕，贼入其家，疑棺内藏金银，欲剖视之。清雅据棺哀泣，贼断其手，仆地。幼子超艺年十六，号哭求代。贼复砍之，父子俱死，而棺得不剖。仆云满，具两棺敛之，亦不食死。

【注】出自《明史·孝义传》。

张清雅，潜山（今安徽省潜山县）人。

【评】动乱时代，流贼面前，孝义救不了性命，任何个体或都有成为悲剧人物的可能。

《明史·孝义传》所记载明代末年的孝行故事，不乏张清雅一样的悲剧人物。

比如颍州人白精忠，“五岁而孤，母袁氏抚之。家贫，母食糠核，而以精者哺儿。精忠知之，每餐必先啖其恶者。天启中，举于乡。崇祯八年，流贼陷颍州，家人劝逃匿。

精忠以母年老，不忍独去，遂遇害”。

比如李心唯，素敦孝行，“贼至，泣守母丧。贼掠其室，将缚之，不出，被杀。子果，见父死，厉声骂贼，贼又杀之”。

又如崇祯十五年，流贼突至，无为人余承德掖其祖母刘氏、母魏氏及妻杨氏、妹玉女出逃，“祖母、母行迟，为盗所获，欲刃之。承德号呼救护，并遇害。杨氏见之，急投河死。贼将犯玉女，玉女大骂，坚不从，寸磔而死”。

上述人物，都被写进了《明史·孝义传》，成为孝行典范，名垂青史，但他们无一例外都成为动乱时代下的悲剧人物。

朱用纯

朱用纯，字致一，江南昆山人。父集璜，明季以诸生死难。用纯慕王裒攀柏之义，自号曰柏庐。弃诸生，奉母。其学确守程、朱，知行并进，而程于至敬。来学者授以小学、近思录。仿白鹿洞规，设讲约，从者皆兴起。居丧哀毁，尝曰：“宰我欲短丧，吾党皆以为怪，然可见古人丧礼之尽，必蔬水饘粥哭泣哀毁无苟弛。若今人饮酒食肉不改其常，虽更三年，岂谓久哉？”晚作辍讲语，又为治家格言，语平易而切至。病将革，设先人位，拜于堂，告无罪，顾弟子曰：“学问在性命，事业在忠孝。”乃卒。用纯与徐枋、杨无咎称“吴中三高士”，皆明季死事之孤也。

【注】出自《清史稿·孝义传》。

朱用纯（1627 — 1698），字致一，号柏庐，明末清初江南昆山（今江苏省昆山市）人。作为晚明遗民，朱用纯入清不仕，隐居教书，潜心治学，著有《辍讲语》《四书讲义》《删补易经蒙引》《春秋五传酌解》《困衡录》《愧讷集》《毋欺录》《治家格言》等。

【评】朝代更迭之际出大家，朱用纯是其中之一。因父死，朱用纯承担起家庭重担，上养其母，下抚弟妹。朱用纯不仕清，不代表其不入世，他改革教学方法，设立讲约，正是他有一颗积极入世的心态。诚如其临终遗言："学问在性命，事业在忠孝。"他的"忠"，是忠于明，而非清；他的"隐居"不是真"隐"，而是相对地"隐"于清。他的一生也正是在恪守"忠孝"之道中度过的。朱用纯因其《治家格言》而青史留名，而其真正的思想底色，往往被后世忽略了。

汪灏

汪灏，江南休宁人。晨、日昂、日升，其弟也。父病咯血，灏年十六，割股和药进，良愈。后数年病足，晨割股炼为末，敷治亦愈。又数年复咯血，晨复割臂以疗。更数年，疾大作，灏复割臂，勿瘳。晨病，日昂泣曰："吾兄割臂愈父，吾不能割以愈吾兄乎？"众尼之。懵且仆，匠治棺，日升持匠斧断指，血淋漓，调药以饮晨。有司表其门曰"一门四孝友"。

【注】出自《清史稿·孝义传》。

汪灏，江南休宁（今安徽省休宁县）人。

【评】愚孝之行，至清末并未绝迹。

据《清史稿·孝义传》记载，福建罗源人李盛山母病，割肝以救，伤重，死。时巡抚常赉上疏请旌表，并下发礼部审议，礼部议"轻生愚孝，无旌表之例"，意思是这样的愚孝行为，不表彰也罢。但是，后来雍正皇帝还是下发诏谕，谕曰："朕惟世祖、圣祖临御万方，立教明伦，与人为善。而于例慎予旌表者，诚天地好生之盛心，圣人觉世之至道，视人命为至重，不可以愚昧误戕；念孝道为至弘，不可以毁伤为正。但有司未尝以圣贤经常之道，与国家爱养之心，明白宣示，是以愚夫愚妇救亲而捐躯，殉夫而殒命，往往有之。既有其事，若不予以旌表，无以彰其苦志。故数十年来虽未定例，仍许奏闻，且有邀恩於常格之外者。圣祖哀矜下民之盛心，如是其周详而委曲也。父母爱子，无所不至，若因己病而致其子割肝刲股以充饮馔、和汤药，纵其子无恙，父母未有不惊忧恻怛惨惕而不安者，况因此而伤生，岂父母所忍闻乎？父母有疾，固人子尽心竭力之时，傥能至诚纯孝，必且感天地、动鬼神，不必以惊世骇俗之为，著奇于日用伦常之外。妇人从一之义，醮而不改，乃天下之正道，然烈妇难，节妇尤难。夫亡之后，妇职之当尽者更多，上有翁姑，则当代为奉养。他如修治蘋蘩，经理家业，其事难以悉数，安得以一死毕其责乎？朕今特颁训谕，有司广为宣示，俾知孝子节妇，自有常经，伦常之地，皆合中庸，以毋负国家教养矜全之德。倘训谕之后，仍有不爱躯命，蹈于危亡者，朕亦不概加旌表，以成激烈轻生之习也。”

最终，李盛山还是得到了旌表。

许季觉

许季觉，浙江海宁人。少尚侠，既折节读书。居亲丧，水浆不入口者七日，杖而后起。含殓、殡葬、虞祔、卒哭、祥禫皆用古礼。葬，躬负土，庐于侧，朝夕哭不辍。季觉故与同县查氏交密，查氏贵，营葬侵许氏墓地。季觉曰："吾不能以友卖亲。"讼连年不决，亲朋居间，季觉终不让。查氏诬季觉通海，逮狱，有为辨者，狱稍解，避地山阴。查氏复诬以他事，再逮狱。季觉度不免，狱中碎瓷盎吞之，死。

【注】出自《清史稿·孝义传》。

许季觉，浙江海宁（今浙江省海宁市）人。

【评】诉讼之争，亦饱含古孝之礼。

雷显宗

雷显宗，河南陈州人。诸生。父病痪，显宗摩掌热拊父四支，二十七昼夜不倦，父良愈。居数年，复病剧，侍汤药两月馀，竟卒，哀毁柴立。居母丧亦如之。康熙中，岁饥，出米粟济贫乏，代偿其逋赋。有鬻其孥者，赎以归。佽婚葬者三百余家。显宗年九十，朔望集家人讲《孝经》《曲礼》《内则》诸篇，里闬称其家范。

【注】出自《清史稿·孝义传》。

雷显宗，河南陈州（今河南省周口市）人。

【评】讲诵《孝经》等，依然是清代民间重孝养亲之体现。

黄有则

黄有则，湖南邵阳人。四岁丧父，母孙劬苦育以长。遣就傅，或迂之，孙曰："吾忍死，不欲儿废学也。"有则大感恸，奋学，客授养母。夏无帐，主人以进，命撤之，曰："吾母无此也。"寒为制棉衣，又卻之，曰："家贫，无以暖母，不忍享奇温。"一夕风雪，既寐，复起，行三十里归省母。母喜曰："吾正思儿。"是时母逾九十，有则亦六十矣。母丧，以毁卒。

【注】出自《清史稿·孝义传》。

黄有则，湖南邵阳（今湖南省邵阳市）人。

【评】八十老母六十儿，孝慈不分年龄。

魏兴

魏兴，直隶新城人。早丧父，兴与弟继宗皆入伍。继宗战死，兴以母老，出伍为樵以养。岁饥，米贵，兴以米奉母，而自食糟糠，恒不饱。兴亦老，樵不足，毁屋，伐屋后树以鬻。安康诸生张鹏翼闻其事，过兴，见兴侍母左右扶持如童子，因问其邻魏叟："与其母日何食？"邻曰："兴啖包谷，母食麦。"鹏翼大嗟异，以其事白知府，月予以粟，兴母子始得饱。

【注】出自《清史稿·孝义传》。

魏兴，直隶新城（今河北省保定市）人。

【评】"兴啖包谷（玉米），母食麦"，魏兴真孝子。

李汝恢

李汝恢，江西庐陵人。父仲鸿，业医，游无方。汝恢年十三，出求父。初至四川，又至广东，皆未遇。乃节日用得百金，复出，遍涉江湖，遇仲鸿贵筑。仲鸿有弟亦出游，既归，日念弟。汝恢乃更出求其从父，得诸柳州。仲鸿乃乐甚，遽无疾而卒，汝恢丧葬尽礼。母痺，奉事尤谨。

【注】出自《清史稿·孝义传》。

李汝恢，江西庐陵（今江西省吉安县）人。

【评】人间之悲，莫过于不得养、也无养的机会。

李维煌

嘉定之曲江里有孝子李维煌，字裕光。父岩士，生孝子十年殁，家无旨畜，母针衽以供孝子出就外塾。泣曰："养亲，儿职也。儿不养母，乃藉母养儿，儿心何安！"遂弃书史，勤耕作，市珍怪之食，进之母，而己甘食淡焉。母病喉，勺饮，喀喀不下者三昼夜矣。孝子呼天求救，母梦神人刺以针曰："哀而子之孝也。"觉（按：一觉醒来），一汗而愈。

雍正七年秋，海风起，城中生波涛，孝子居故穿漏，夜半屋摇摇然，孝子趋负母，伏几下。俄而前后庐舍崩，所避处独完。

孝子父亡逾年，大父亦亡。虽终丧，不吉服，不与宾筵，曰："古不葬，不释衰。今窀穸（按：墓穴）未营，某方负疚，敢施施如平常时耶？"及其葬也，时届严寒，体故羸，手炭土，僵大雪中。治冢匠数人，蕴火覆之，沦以汤，乃苏，年五十五卒。卒时抱母大恸，嘱其孤某善事大母。

相传其幼时，居父丧，寝苫块中，哀号三年，每出入，邻人指曰：小孝子，小孝子。盖其天性然也。乾隆三十年，大吏闻于朝，建坊曲江里，立祠其旁。

【注】出自袁枚《小仓山房文集·卷二十七·李孝子传》。

李维煌，嘉定（今上海市嘉定区）人。

【评】袁枚记述完《李孝子传》后，论曰："《孝经》一书，圣人所以为人子训者至矣。然世人方读书以求孝，而李氏子独因孝以废书何耶？中庸曰：'率性之谓道，修道之谓教。'古之能率其性者，无俟于教也。不然，慈乌反哺，羔羊跪乳，彼所读何书哉？"大意是，古之圣贤教人读书尽孝，但李维煌却为尽孝而废弃读书，原来不读书亦能尽孝，盖因孝出自天性、本性使然，而非"教化"的作用。诚如"慈乌反哺，羔羊跪乳"之中的慈乌、羔羊都是不读书的，但也知道通过"反哺""跪乳"这样的行为来体现孝，正与人的孝的天性、本性是一样的。

事实上，袁枚的论述只见其表，未见其里。传统孝道文化恰是通过长期人文熏陶、积淀与教化，在国人道德体系中形成了"集体无意识"。

沈仁业

沈仁业，字振先，江苏吴县人。父贾于安南，娶妇生子女，仁业八岁从父归，而母为外国女，例不得入中国，不能从。仁业长而思母，父卒，乃图父像，渡海省母。安南有兵事，母挟幼子女窜山谷中，仁业行求得之，不食七日矣。居二年，有义其行者为具舟，舟入海，飓作，触海中山。仁业抱母泣，风转，挟母过山至琼州。吏执例拒仁业母不得入，仁业涕泗请，莫应。久之，有老吏谓康熙间有故事，检文书得之，仁业乃奉母及弟妹以归。

【注】出自《清史稿·孝义传》。

沈仁业，江苏吴县（今已属江苏省苏州市一部分）人。

【评】跨海寻母，家人团聚，是中国传统文化中最重要的特征之一。